KB102814

호주와 나 때때로 남편

책구름

울루루(Uluru), NT

킹스 캐년(Kings Canyon), NT

웨이브 락(Wave Rock), WA

덴마크(Denmark), WA

버슬톤(Busselton), WA

칼굴리(Kalgoorlie), WA

피나클즈 사막(Pinnacles Desert), WA

하메린 연못(Hamelin Pool), WA

위부터 서호주 남부, 노던테리토리, 퀸즐랜드

멍키 마이아(Monkey Mia), WA

프랑소와 페론 국립공원(François Peron National Park), WA

카리지니 국립공원(Karijini National Park), WA

킵 리버 국립공원(Keep River National Park), NT

윗선데이 아일랜드(Whitsunday Island), QLD

위_ 프레이저 아일랜드(Frazer Island), QLD

아래_ 골드 코스트(Gold Coast), GLD

콥스 하버(Coffs Harbour), NSW

블루 마운틴(Blue Mountains), NSW

호바트(Hobart), TAS

크래이들 마운틴(Cradle Mountain), TAS

리치몬드(Richmond), TAS

멜번(Melbourne), VIC

그레이트 오션 로드(Great Ocean Road), VIC

더 **행복**해지고 싶어서
세상에서 가장 고립된
황무지 섬으로 날아갔다

이번에는 **한 남자**와 함께

목차

호주 일주 루트 및 여정

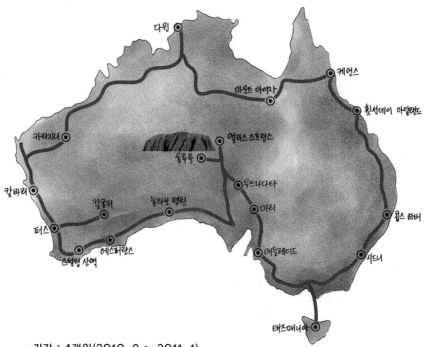

- 기간 : 4개월(2010. 9 ~ 2011. 1)
- 총 이동거리 : 약 3만 킬로미터
- 주요 이동 경로

  애들레이드→플린더스 산맥→우드나다 트랙→레드 센터(울루루 지역)→
  에어 고속도로(눌라보 평원)→서호주 남부→퍼스→칼굴리→다시 퍼스→서호주 북부→
  다윈→마운트 아이자→퀸즐랜드→뉴 사우스 웨일즈→
  멜번→태즈매니아→다시 멜번→그레이트 오션 로드→다시 애들레이드

왜 하필 호주인데?

합법적으로 일과 여행을 할 수 있는 '워킹홀리데이(Working Holiday, 앞으로는 '워홀'로 지칭하겠음)' 국가 중에서도 호주는 단연 군계일학이었다. 연간 입국 인원을 제한하지도 않았고, 복잡한 심사 절차도 없이 결핵 전력만 없으면 비자를 내주니 말이다. 특히 최대 2년까지 체류할 수 있다는 건 최고의 장점이었다.

　　대충만 검색해 봐도 단기 일꾼에 대한 수요가 꾸준해서 돈도 쉽게 벌 수 있을 것 같았다. 3개월에 만 달러를 모았다는, 일명 '대박 일꾼'들의 후기도 심심찮게 발견됐다. 이게 사실이라면 1년 안에 세계 일주 경비마저 해결되겠군. 이 정도면 '맞춤형' 천국이지! 그래, 호주로 가자. 가슴은 이미 힘차게 널을 뛰었다.

인터넷으로 간단히 비자신청을 한 뒤 본격적인 준비에 들어갔다. 나라가 하도 넓다 보니 어디로 갈지를 정하는 것부터 난관이었다. 내가 찾는 곳은 간단했다. 돈을 '많이' 벌 수 있는 일자리가 넘치는 곳. 가입해둔 몇 군데의 인터넷 카페 게시판에는 이와 관련한 글이 매일같이 올라왔다.

나는 치밀한 작업에 돌입했다. 낮에는 컴퓨터 앞에 앉아 살쾡이 같은 눈으로 각종 웹 사이트를 뒤졌고 밤에는 그날 모은 정보들을 추렸다. 호주로 워홀을 가는 우리나라 젊은이들이 매년 3만 명에 육박한다는 것도 그때 알았다. 곧 주요 도시별 렌트비, 생활비, 업종별 인건비 평균이 나왔다. 이 정도면 눈 뜨고 사기당할 일은 없겠지. 공부를 이렇게 했으면 서울대도 가뿐했겠다고 킥킥대면서 잠시 숨을 골랐다. 그런데 한 인간이 눈엣가시처럼 거슬렸다. 누구는 남의 땅에서 먹고 살 궁리를 하느라 눈에 핏줄이 설 판인데 한가롭게 관광지 사진이나 들춰보며 희희낙락하고 있는 것이 아닌가. 누군 그럴 줄 몰라서 안 하는 줄 아나? 나도 구질구질하게 먹고사는 문제로 골치 썩기 싫다고!

그렇다. 이 여행을 망칠 잠재적인 위협요소는 가벼운 통장 잔액도, 일과 여행 두 마리 토끼를 잡아야 한다는 부담도 아니었다. 바로 내 옆에 철썩 달라붙은, 그것도 모든 일가친척과 친구들, 신 앞에서 평생 아끼고 사랑하겠노라고 공표한 (눈치 없이 호주 관광지 사진이나 보고 있는) 저 남자였다.

난 사람 사귀기를 어려워하거나 까다로운 편이 절대 아니다. 도리어 사람들과 부대끼는 걸 무척 좋아한다. 하지만 여행할 때는 늘 혼자였다. 아무리 친한 친구라도 한 방에서 지내다 보면 반드시 불편한 일이 생기는 것처럼, 철저한 자유를 갈망하며 떠나는 여행에 동행자가 없는 건 당연하다고 생각했다. 물론 외로운 순간들도 있었다. 어두침침한 대기실에서 야간 버스를 기다리거나 그림같이 아름다운 해변에 서 있을 때, 붐비는 식당에서 혼자 밥을 먹을 때도. 그러나 내가 만끽하는 자유에 비하면 그런 순간쯤은 아무것도 아니었다.

서로가 첫사랑인 캠퍼스 커플이 결혼을 하고, 더구나 신혼여행으로 장기간 해외여행을 다녀왔다니 꽤 낭만적으로 들릴지도 모르겠다. 하지만 현실은 낭만과 거리가 있었다. 호수 위에 우아하게 떠 있는 것처럼 보이는 백조도 사실은 물 밑에서 치열하게 발을 허우적대는 것처럼, 남들이 부러워하는 커플로서 기대를 저버리지 않기 위해서는 극진한 노력이 필요했다. 좀 다른 의미에서지만 그간 한 번도 어그러지지 않은 게 신기할 정도였다. 하다못해 라면만 해도 나는 꼬들꼬들한 면발을 그는 팅팅 불어터진 것을 좋아할 만큼 우린 극과 극이었으니까.

나는 성격이 급할 뿐만 아니라 모든 일을 계획적으로 해야만 직성이 풀렸고, 그는 이런 나와 정반대였다. 이 남자로 말할 것 같으면, 한 마디로 살면서 무언가를 계획해본 일이 없는 '무계획의 결정체'였다. "닥치는 대로 살았어도 이만큼 했습니다!" 하는 서바이벌 오디션이 있다면 1등도 노려볼 만했다. 계획은 없으면서 남이 시키는 건 죽어도 싫은 청개구리 근성은, 내가 아는 이들 중 단연 최고였다.

어디서 무엇을 해서 돈을 벌어야 할지(working) 전전긍긍하는 여자와 놀고 즐길 것들에(holiday) 집중하는 남자. 이것이 우리가 함께 보낸 7년의 세월 동안 고착된 역할이었다.

자금 사정 때문에 어쩔 수 없이 호주에 가기로 했지만, 여행지 자체로만 보면 최상의 선택은 아니었다.

생각해 보니 호주에 대한 시큰둥함은 꽤 뿌리가 깊었는데, 십 년 전, 어학연수 지로 내가 영국과 캐나다를 저울질할 때 호주, 그것도 시드니도 아니고 듣도 보도 못한 퍼스로 가겠다는 룸메이트에게 "왜 하필 그렇게 어정쩡한 곳에 가려고 하느냐."며 면박을 주었었다. 나에게 호주는 하도 많이 보고 들어서 지겹기까지 한 오페라 하우스에 지나지 않았고, 선진국 대열에 끼어 있긴 하나 북미나 유럽에는 한참 못 미치는, 하여튼 간에 애매하고 어중간한 나라였다.

그런데 이건 나만의 특수한 사정이 아니었다. 세계 일주를 하고 있거나 이미 마쳤거나, 아니면 계획 중인 고수들에게도 호주는 찬밥 신세였다. 잘 나가는 세계 일주 에세이에도 호주는 비중이 작거나 아예 빠져 있기 일쑤였다. 남미나 아프리카를 가는 게 소원인 사람은 수두룩해도 호주에 열광하는 사람은 본 적이 없었다. 대체 왜, 호주는 세상의 관심에서 비켜나 있는 것일까.

호주에 도착하자마자 나는 나는 그 이유를 알 수 있었다.

기본적으로 호주는 사람 살 곳이 못 되는 곳이었다. <대단한 호주 여행기>의 작가 빌 브라이슨은 "호주보다 생명체에 적대적인 곳은 남극뿐일 것"이라고 표현할 정도로 기후가 극단적이고, 결정적으로 물이 '너무' 귀했다.

국토의 60% 이상이 연 강수량 50㎜ 이하인 사막기후지대인데다(우리나라 평균 강수량은 1,300㎜, 지구 전체의 평균은 880mm이다) 소위 아웃백으로 불리는 내륙 지역은 사람이 살기 어려운 반사막이다. 그렇다 보니 세상에서 여섯 번째로 큰 나라지만(남한보다 77배가 넓고, 유럽 대륙 전체가 다 들어가고도 남는 크기다), 인구밀도는 세상에서 가장 낮은, 사람이 귀한 곳이다. 2천만 명이 약간 넘는 인구 대부분이 우리가 익히 알고 있는 시드니 멜번, 브리즈번 같은 동부 해안지역에 몰려 사는 것도 이 때문이다. 한국에서 유학 온 여학생이 고국에서의 습관대로 아침저녁으로 샤워를 오랫동안 하다가 물을 낭비한다는 이유로 홈스테이 할머니에게 쫓겨났다는 이야기는 유학생과 워홀러들 사이에서 유명하다.

아무리 자연환경이 척박해도 볼거리, 할 거리가 많다면 좋은 여행지로 주목받았을 텐데 호주의 문화유적은, 한마디로 시시했다.

유적이라고 해봤자 죄수들이 직접 짓고 들어간 감옥이나 정착촌에 세워진 돌다리 같은 게 고작이고, 자연경관이 독특하긴 하지만 북미의 화려하고 거대한 규모에 비하면 기가 죽는다. 캥거루 고기나 소고기를 싸게 먹을 수 있고, 질 좋은 포도주와 맥주, 커피를 어디서든 마실 수 있다는 걸 제외하면 먹는 것도, 음악도, 영화도, 미국이나 유럽의 아류처럼 느껴진다.

호주에만 있는 게 있긴 하다. 바로 원주민(원래는 아난그족이지만 통상 애버리지니, Aborigine로 불린다. 이 책에서는 호주 원주민으로 통일한다)문화와 예술. 그런데 원주민 예술이라는 것도 꾸불꾸불한 선이나 점이 전부인 원시적 수준의 것들이라 수천 년의 역사문화를 가진 우리 눈에는 투박하기만 하다.

거기다 하도 나라가 넓고, 광활해서 여행 경비조차 만만치가 않으니, 최소한의 가격으로 최대한의 효용성을 얻고 싶어 하는 현대인들의 여행지로 간택되기 어려운 것이다.

나 역시 이 땅의 대부분이 누런 황무지에 붉은 사막이라는 것을 알았을 땐, 호주로 가기로 한 것을 되돌리고 싶었다. 구글 위성지도를 본 다음부터는 기가 차서 말도 안 나왔다. 그런데 남편은 뭔가에 홀리기라도 한 것처럼 '호주 일주'에 집착했다. 이미 눈빛이 몽롱해져 있었다. 돈 벌 궁리는 전혀 하지 않는 주제에 아무것도 없는 땅을 일주씩이나 하겠다니. 그는 분명 제정신이 아니었다.

그러나 우린 예정대로 호주에 갔다. 그리고 그가 염원하던 대로 일주를 했다. 그는 호주 아웃백이야말로 세계 일주에서 빼놓지 말아야 할 곳임을 확신하고 있었다. 이번이 아니면 호주를 여행할 일은 평생 없을 거라는 말도 꽤 설득력이 있었다. 무엇보다 6개월, 1년 안에 점 찍는 식이 아니라 천천히 '함께' 일주를 완성해 가자는 말이 무척 멋있게 들렸다.

그리고 결론부터 말하자면 호주로 간 건, 호주 일주를 한 것은 서른 살 인생을 통틀어 제일 잘한 일이었다. 악조건처럼 보였던 척박하고, 광활하고, 텅 빈 것이야말로 호주를 호주답게, 매력적으로 만드는 요인이었으니 말이다. 이거야말로 통쾌한 반전이었다.

우리는 2009년 2월 위홀비자로 호주에 입국했다. 그리고 2010년 9월부터 2011년 1월까지 약 4개월 동안 본섬부터 태즈매니아까지 전국을 일주했다. 세련된 도시부터 먼지만 날리는 아웃백까지 모두 경험한 셈이었다.

캠핑 여행의 실상은 90%의 운전과 10%의 관광이라고 할 만큼 '이동'의 연속이었다. 주행거리만 3만 킬로미터에 달하는 어마어마한 여정으로 하루 평균 400~500킬로미터, 어떤 날은 700~800킬로미터를 달리기도 했다. 우리의 보금자리이자 운송수단이었던 98년식 하늘색 포드 익스플로러 하니(Hani). 도로 한가운데서 퍼져버리지는 않을지 처음부터 끝까지 전전긍긍해야 했지만, 호주 일주의 일등공신은 누가 뭐래도 그녀였다.

캠핑 여행자들의 하루는 오로지 태양을 따라 움직였다.

해가 뜨면 일어났고 융단처럼 부드러운 밤하늘에 별들이 촘촘히 박히는 것을 보며 잠이 들었다. '삼일에 한 번 샤워하기' 원칙을 세워놓고 환경운동가라도 된 양 허세를 부리기도 했다. 사실 말이 좋아 캠핑이지 차에서 먹고 자는 일은 상상했던 것보다 훨씬 고단했다. 푹신한 매트리스가 있는 숙소가 아니라, 가능하면 무료 야영장이나 도로변의 공터(Rest Area, 워낙 나라가 넓어서 장거리 운행 차량을 위한 쉼터가 고속도로변 곳곳에 마련돼 있다)에서 야영해야 하는 가난한 여행자이기에 더욱 그랬다. 모래사장을 달리던 차가 갑자기 멈추기도 했고, 한 번 달라붙었다 하면 떨어질 줄 모르는 지독한 파리 떼와 40도를 예사로 넘기는 불볕더위와 싸워가며 가스레인지에 밥을 지어먹던 일은 지금 생각해도 고역이었다.

하지만 눈이 부시도록 시퍼런 하늘만 올려다봐도, 사방이 탁 트인 지평선만 봐도 눈물이 났다. 살아 있다는 게, 살아서 보고 듣고 느끼고 감동할 수 있다는 것이 감사한 날들이었다.

어디쯤이었을까. 결혼이 연애의 종착점이 아니라 새로운 시작이라는 걸 알았던 것은. 여행을 시작할 때만 해도 하루가 멀다고 으르렁댔었다. 우리 인연이 여기까지인가 보다고 체념할 만큼 그를, 결혼을 증오하기도 했다. 하지만 그렇게 바닥을 치고 나서야 각자를, 아니 나 자신을 제대로 들여다보기 시작했다. 그래서 더욱 열렬히 사랑하고, 사랑받고 싶어졌다.

인정해야겠다. 나는 호주에 푹 빠져버렸다. 할 수만 있다면 꼭꼭 숨겨두고 나만 보고 싶을 만큼. 앞으로 이곳을 여행하게 될 모든 이들이 부러울 뿐이다.

노파심에 한 가지만 덧붙이자면, 투어나 단기 배낭여행이 아니라 우리처럼 캠핑 일주할 계획이라면 반드시 동행자를 구해오길. 적어도 동행자가 생길 가능성을 열어두고 시작하던가. 혼자서 이 넓고 텅 빈 땅을 돌아다니다간 외로워 죽거나, 호주가 죽을 만큼 싫어질지도 모르니 말이다.

사족은 여기까지다. 이제 본격적인 이야기를 시작하겠다. 우리가 어쩌다 춥고, 덥고, 꿉꿉하고, 건조하고, 느려 터지고, 온갖 벌레와 오래된 것투성이인 땅을 사랑하게 되었는지.

왜 다시 못 돌아가 안달인지.

그가 조금씩 속도를 내기 시작했다.
곧 수백 미터는 돼 보이는 엄청난 먼지 바람이
하니 꽁무니에 따라 붙었다.
마침 반대편에서 집채만 한 먼지 기둥을 매단 사륜차가
우리 쪽으로 달려오고 있었다.
그리고 서로의 차가 스치려는 찰나
맞은편 차량의 운전자가 손을 번쩍 들어 올리며 인사를 했다.
너른 하늘과 너른 땅,
그 사이를 질주하는 인간들의 정.
나는 단박에 이해가 갔다.
왜 사람들이 아웃백을 사랑하는지.
- 우드나다타 트랙, <길들이기>

South Australia
Red Centre

애들레이드(Adelaide)

완벽한 캠핑 여행을 위해
갖춰야 할 조건

본격적인 여행 준비와 함께 사륜차를 장만한 지 4개월이 지났다. 자동차로 몇 달 동안 여행하는 게 과연 가능할까 싶었는데 부모님을 모시고 애들레이드부터 시드니까지 왕복으로 다녀온 뒤로는 자신감도 생겼다. 1년 전 렌트한 집의 계약 만료일도, 허브농장 일을 그만두는 것도 모두 9월 중순에 맞춰두었다. 떠나야 할 날짜가 성큼성큼 다가오고 있었다.

　세상에서 여섯 번째로 큰 나라를 일주한다니. 처음엔 루트 짜는 것도 만만치 않겠구나 싶었는데 막상 그건 일도 아니었다. 애들레이드와 앨리스스프링스, 울루루를 잇는 왕복 구간만 제외하고는 해안선을 따라 크게 한 바퀴 원을 그리는 단순한 여정이기 때문이었다. 그럼 넉 달 동안 대체 뭘 했느냐. 바로 끝도 없는 캠핑카 준비였다.

　캠핑하면 은은한 달빛, 잔잔한 기타 소리, 무릎담요, 텀블러에 담긴 따뜻한 커피같이 평화로운 장면이 떠오를 것이다. 하지만 우리가 호주 일주의 수단으로 캠핑을 택한 건 낭만의 문제가 아니었다. 차에서 자고, 먹고, 이동하는 것이야말로 광활하고, 거대하고, 물가가 비싼 호주를 여행하는 가장 저렴한 수단이기 때문이었다. 어쨌든 캠핑 여행에서 가장 중요한 것은 이동수단, 즉 차량 구비다.

군이 여행 때문이 아니더라도 자동차는 광활한 호주 생활의 필수품 제1호다. 동부 해안이나 대도시를 제외하고는 대중교통 이용이 불편한 데다, 주택단지가 중심가를 둘러싸고 널리 퍼져 있기 때문에 아무리 작은 마을이라도 일터, 학교, 관공서, 마트에 가려면 반드시 이동수단이 필요했다. 기름값도 상대적으로 저렴해서 부담이 적었다. 이렇다 보니 약간 과장을 보태면 호주에 거주하는 17세 이상이면 본인의 차 한 대쯤은 갖고 있을 만큼 자가운전이 보편적이었다. 교복 입은 학생들이 차를 몰고 등하교하는 장면도 쉽게 볼 수 있었다.

포드 익스플로러를 발견한 건 중고차매매 사이트에서였다. 사륜답지 않게 아리아리하고 늘씬하게 쭉 뻗은 차체 하며, 은은한 연하늘색을 보는 순간 "내 차다!" 싶었다. 급매물이라 비슷한 사양의 다른 차들보다 5백 달러나 더 저렴했다. 거기다 뒷좌석을 눕히면 성인 두 명이 누워서 잘 만한 충분한 공간이 생겼으니, 빙고! 여행할 때도, 나중에 팔기에도 두루두루 좋은 디자인과 합리성을 갖춘 차였다. 2010년 5월 30일 그렇게 우린 '하니'를 품에 안았다.

하니. '달려라 하니'의 그녀처럼 씩씩하게, 열심히 달려달라는 의미에다 하늘색 옷을 입은 정체성을 살려 이름을 지어주었다. 포대기에 싸인 신생아를 다루듯 조심스럽게 집으로 몰고 와 정성스레 쓸고 닦고 광을 냈다. 차고에 들어앉은 녀석을 보고 있으니 그제야 여행이 실감 났다. 그날 밤, 안 먹어도 배가 부르다는 말을 나는 자식이 아니라 98년산 하늘색 포드에 제일 먼저 써 버리고 말았다.

그런데 영원할 것 같던 사랑은 채 한 달도 못 가고 말았다. 차량 점검을 하던 중 하니가 돈 먹는 하마, 아니 괴물이라는 사실이 드러났던 것이다.

"호주에서 포드 익스플로러는 사륜구동 중에서도 선호도가 낮은 편이에요. 부품 구하기도 힘들고 유지비도 많이 들고. 잔고장이 많거든요. 나한테 부탁했으면 이 정도 사양으로 4천 달러 선에서 구해줄 수 있었을 텐데."

뭐, 뭐라고? 4천 달러? (우리가 하니를 구입한 가격은 깎고 또 깎아서 5,500달러 였다.) 치맛바람이 거센 부모가 자식에게 그러하듯, 나는 내 물건과 나를 동일시하는데 일가견이 있었다. 더구나 하니는 호주에서의 마지막 임무, 전국 일주를 완성해줄 핵심 중의 핵심이었다. 차에 흙탕물만 튀어도 내 얼굴이 더럽혀진 기분인데 감히 그녀를 퇴물취급하다니! 그러나 이건 앞으로 닥쳐올 것들에 비하면 애피타이저에 불과했다.

점검을 마친 정비사가 영수증 뒤에 적어 놓은 일명 수리해야 할 목록은 더 가관이었다. 양쪽 쇼커, 위아래 컨트롤 암 링크, 연료 필터, 프런트 디프 실에 에어컨 무작동. 에어컨 문제 빼고는 무슨 말인지도 모르겠고, 무엇보다 그의 모호한 말은 나를 더 미치게 하고 있었다.

"지금 적어놓으신 것들을 전부 다 수리해야 할까요?"

"정품으로 교체한다고 가정하면 아마 (우리가 지급한) 찻값보다 더 들 겁니다."

"그럼 이대로 여행을 떠나도 괜찮을까요?"

"그럴 수도 있고 아닐 수도 있습니다. 낡은 차들은 언제든 문제를 일으킬 가능성이 있으니까."

"그럼 다 고쳐야 한다는 뜻입니까?"

"차가 굴러가다가 갑자기 멈추는 문제들은 아니고. 몇 개월만 탈 예정이라면 굳이 다 수리할 필요는 없는데…"

그래서 수리를 하라는 거야 말라는 거야? 앞으로 차에 돈 들어갈 일이라곤 기껏해야 오일이나 타이어를 갈아주는 정도겠지 했던 나는 공황상태에 빠졌다. 그런데 나를 더 어이없게 만드는 건 남편이었다. 사태가 이 지경이면 찍소리 말고 가만히 있을 일이지, 그는 기어코 유리 썬팅(tinting)에 오디오 교체까지 '계획대로' 밀어붙였다. 조만간 더위 때문에 힘들어질 거라니, 음악을 좋아하는 나를 위한 일이라니 뭐라고 할 수도 없고. 아무튼, 하니를 구매한 뒤 지난 4개월 동안 내가 한 일은 다달이 내야 하는 보험 따위는 일절 포함하지 않고 순수하게 점검과 당장 급하다는 몇 가지 정비와 그놈의 썬팅, 카오디오에 들어간 2,300달러를 결제한 것이었다.

떠나기 전날 저녁. 외삼촌 집을 베이스캠프 삼았다. 냉장고에 넣어둔 김치를 뺀 나머지 짐은 모두 차로 옮겨둔 상태였다. 이별의 아쉬움을 장난으로밖에 표현할 줄 모르는 어린 사촌 동생들이 안경이나 벨트 같은 것들을 곳곳에 숨겨두었고, 우린 그것을 찾는데 남은 기운을 소진하며 하루를 보냈다.

뒤뜰 잔디밭에 유칼립투스 나무의 기다란 그림자가 드리워질 무렵 야외 테이블에 모여 앉았다. 지글지글 삼겹살과 소고기가 구워지고 테이블에 된장찌개가 올려졌다. 평소 술을 잘 안 하는 외삼촌과 외숙모의 잔에도 붉은 포도주가 찰랑거렸다. 쨍, 다 같이 건배!

"다니엘과 엘리사벳(우리의 영어 이름이다)의 성공적인 호주 일주를 위하여!"

혀끝에 닿는 술맛이 쌉싸래했다. 지난 일 년 반의 추억이 삼겹살 구워지는 연기와 함께 되살아나는 기분이었다. 뿌듯하면서도 우울한, 알 수 없이 복잡한 심경이었다.

"너희 부부, 참 대단하다. 호주 전국을, 그것도 직접 운전해서 여행하겠다고 마음먹은 걸 실천하다니. 처음에 너희가 호주로 온다는 소식을 들었을 때, 그것도 유학도 이민도 아닌 워홀 비자로 온다고 했을 때 우린 좀 놀랐었지."

"그러셨어요? 철없는 커플이라고 생각하셨나요?"

"아니, 걱정이었어. 무작정 와서 시간만 버리고 간 젊은 친구들을 워낙 많이 봐왔으니까."

나도 마찬가지였다. 여행, 사랑, 꿈. 원하는 것을 얻지 못할까 봐 맘껏 웃지 못한 순간들이 있었다. 두려움도 여전했다. 말썽거리가 많다는 것만 확인한 저 하니 놈이 중간에 퍼져 버리면, 그래서 이 계획의 원흉인 그를 원망하게 되면….

9월 중순. 봄이 오는 남반구의 밤 공기가 푸근했다.

이 땅의 모든 것에 생명력을 불어넣어 줄 단단히 부풀어 오른 엄마의 젖가슴 같은 시간. 인생으로 치면 청춘이고, 하루로 치면 새벽과 같은 봄이야말로 도전하고 시작하기 좋은 계절이었다. 그날 밤 우리는 새벽까지 이런저런 이야기를 나눴다. 그는 제대하기 전날처럼 가슴이 쿵쾅거린다고 했다. 나는 제대하는 그를 마중 나가기 전날처럼 잠이 오지가 않았다.

별들이 쏟아지는 사막에서 캠핑하는 건 정말 낭만적이겠지? 바닷가에 들를 때마다 낚시하자. 저녁마다 포도주를 마시고 장작불에 소고기와 소시지, 버섯을 구워먹고. 근사한 해변을 만나면 스노클링도 하고 다이빙도 하자. 가고 싶으면 가고, 쉬고 싶으면 쉬고. 햇빛이 쨍쨍한 날엔 레이디 가가를, 비가 추적추적 내리는 날엔 유키 구라모토를 들으며 하루를 시작하는 거야.

그리고 나 혼자 덧붙였다. 지평선을 향해 끝없이 뻗어 있는 2차선의 도로가 지겨워지고 이 말도 안 되는 전국 일주 계획을 왜 적극적으로 말리지 않았을까 하고 후회하는 날도 있겠지. 그러나 부디 그 순간이 최대한 늦게 오기를 바랄 뿐이었다.

벽 쪽으로 등을 돌려 누웠다. 이불을 코끝까지 올려 덮었다.

여행이 시작된 뒤에야, 이날 덮고 잔 이불이 참 폭신했다는 것을 알았다.

애들레이드 힐(Adelaide Hills)

워홀러의 단상 1

"내 팔자에 이렇게 호화로운 여행을 하는 날이 올 줄이야!"

불안한 하니의 상태 때문에 가슴 한구석이 무거웠지만 내 차로 여행한다는 건 굉장히 흥분되는 일이었다. 내 덩치보다 큰 배낭을 메고, 싸고, 깨끗하고, 분위기와 위치까지 좋은 숙소를 찾아 헤매고, 숙소를 옮길 때마다 그 배낭을 풀고 다시 싸고, 기차나 버스 시간표에 나를 맞춰야 했던 시절은 이제 빠이빠이다. 지금부턴 내가 시공간을 지배하리라!

그런데 뜻밖의 일이 발생했다. 배낭에서 자동차로 커진 용량의 세제

곱쯤 비례해서 짐의 부피도 덩달아 어마어마하게 늘어난 것이다.

"이건 원룸 이삿짐이 아니네."

대학교 때 기숙사를 떠나 원룸 생활을 시작하면서 나는 전세계약이 끝나는 1, 2년 단위로 이사를 했다. 그때마다 1톤 트럭을 몰고 온 아저씨들의 원성이 대단했다. 냉장고나 텔레비전, 옷장 같은 큰 물건이 없다니 가벼운 소일거리겠지, 했다가 낭패를 본 거였다. 그러게 끝까지 잘 들으셔야지. 난 분명히 큰 책장과 책상이 있고, 책도 좀 많다고 미리 밝혔었다. 그러나 소심한 나는 매번 몇만 원의 웃돈을 얹어주는 걸로 이사를 마무리하곤 했다.

계획적이고 급하단 것 말고 나의 또 다른 극성스런 성미는 내 물건에 대한 강한 집착이었다. 휴대폰 가입계약서나 대학 전공 책같이 다시는 꺼내 볼 일이 없는 물건들은 이삿짐센터 아저씨를 열 받게 하는 주범이었다. 기자가 나의 소명이라고 믿었던 시절의 이야기지만, 교재로 삼는답시고 1년 넘게 모은 신문과 주간 잡지를 실어 나른 적도 있었다. 그렇게 정성스럽게 관리한 것들을 잘 활용했느냐 하면 딱히 그런 것도 아니었다. 책장에 꽂힌 지는 한참 됐지만 아직 읽히지 못한 책들이 수두룩했고 결국, 기자가 되지도 못 했으니까.

이런 식으로 가다간 가와카미 히로미 소설 <선생님의 가방>의 선생님처럼 다 쓴 건전지에 언제부터 언제까지 썼다는 포스트잇을 붙여가며 모아 두는 일이 벌어지지 않을까 우려스럽지만, 한때나마 내 마음을 달뜨게 했던 것들을 쓰레기통에 던져 넣는 것만큼 무정한 일도 없다는 것이 나의 변론이다.

그렇다고 이 성미가 완전히 마음에 든다는 건 아니다. 특히 여행하기 한 달 전 우리를 방문했던 부모님을 생각하면 저주스럽기만 하다. 1년 반 만에 딸과 사위를 만나 여행하는 설렘이 얼마나 컸을까. 하지만 우리가 인터넷으로 주문한 침낭부터 옷가지들, 거기다 외삼촌이 부탁한 책과 자동차 부품까지! 두 노인네가 떼 메고 온 커다란 이민 가방에 그들의 소지품이라곤 속옷 몇 가지와 단출한 외출복 한 벌씩뿐이었다.

보름 동안 잘 맞지도 않는 딸과 사위 옷으로 근근이 버티다, 다시 한국으로 돌아가는 그들의 가방이 다시 내 소지품으로 채워졌다는 슬픈 이야기의 절정은, 그들이 출국하던 날 밤 일어났다. 내 '짐'을 끌고 입국장으로 들어서던 아빠가 가방의 무게를 못 이겨 순간 비틀거리는 걸 보고 말았다. 난 그들에게 평생 '짐'만 안겨주는 존재일 수밖에 없는 것인가 싫어 눈물이 주룩주룩 쏟아졌다. 그날처럼 내가 미련스럽고 이기적으로 느껴진 적이 없었다.

이 성격이 가장 피곤하게 느껴질 때는 여행할 때였다. 제 물건에 대한 강한 집착이 만반의 준비를 해야만 직성이 풀리는 계획 주의와 결합해 최악의 조합을 만들어낸 것이다. 물론 피해자는 나 자신이었다. 몸도 지치고, 이동하기도 불편할 뿐만 아니라, 뭐가 없어지지는 않을지 늘 전전긍긍하느라 여행에 집중하지도 못했다. 더구나 여행 가방을 채우고 있는 대부분의 것들은(옷이나 세면도구, 가이드북마저도) 어디서든 쉽게 구할 수 있는 것들이었다.

나도 맘 같아서는 긴소매, 반소매 한 벌에 수건 하나, 선크림 하나만 챙기고, 비누로 머리를 감고 샤워까지 해결하며, 경비가 얼마 남았는지도 모르는 하드코어 여행자가 되고 싶다. 하지만 이렇게 생긴 걸 어쩌랴. 나는 백만분의 일의 확률이라도 필요할 가능성이 있다면 계산기나 반짇고리 같은 것들마저 내가 쓰던 걸 챙겨가야 마음이 놓였다. 가볍게 여행하기엔 애초부터 글러 먹은 것이다. 더구나 세 끼 식사와 잠자는 일까지 모두 차에서 해결해야 하는 캠핑 여행의 준비물이라니.

그 모든 짐을 매일 아침저녁으로 앞좌석과 뒷좌석, 트렁크에 옮기는 일을 담당했던 남편에게 심심한 위로와 감사를 전하며, 여행을 떠나던 날 차에 실려 있던 물건들의 실제 목록을 적어본다.

일단 조리 기구부터.

2구 가스레인지와 4.5kg 휴대용 LPG 가스통. 밥 지을 작은 냄비 하나, 라면 등 찌개용 냄비 하나, 작은 프라이팬 하나. 숟가락, 젓가락 칼, 포크, 스테인리스 접시, 대접 각각 두 개씩. 도시락 등 음식 저장용으로 쓸 플라스틱 용기 4개. 과도, 도마, 가위, 김말이(김밥을 싸 먹을 생각을 다 했다)에 키친타월.

이제부턴 본격적인 음식재료다. 한인 마트가 있는 다음번 대도시, 퍼스 까지 대략 한 달 정도 걸릴 걸 예상해서 넉넉하게,

고추장 2kg, 된장 1kg, 쌀 10kg, 라면 한 박스, 김치 10kg, 김 한 상자, 마른미역 한 봉지, 국수와 메밀 소면과 거기에 넣을 육수 몇 병, 달걀, 식빵, 딸기 복숭아 자두 잼과 스프레드 치즈, 기본양념으로 소금, 후춧가루, 고춧가루, 간장, 식용유, 참기름, 조선간장 대용으로 쓸 멸치액젓(세상에!). 거기다 분위기 있는 커피 한잔의 여유를 위한 필수품 텀블러 두 개. 물은 생수를 사 먹기로 했다.

침구류는 가볍지만 부피가 컸다.

에어 매트리스와 매트리스 펌프, 침대커버, 베개와 침낭 각각 두 개씩, 그리고 세탁세제, 섬유유연제. (이제 거의 다 왔다) 샤워할 때 쓸 목욕 용품 바구니, 물티슈, 화장지, 전등, 지도책 두 권과 가이드북, 노트북, 각종 여행 책자며 영어소설(여행 중에 영어공부도 할 수 있을 줄로 착각했다) 등 읽을거리가 한 상자. 테니스 라켓과 스노클링 장비 두 세트.

정말 마지막이다.

여름, 가을옷 위주로 각각 대 여섯 벌과 추울 때 입을 두꺼운 모자 티셔츠 두 개씩, 바람막이 잠바, 수영복, 선크림, 클렌징 제품들, 스킨, 에센스, 로션, 립글로스 등 화장품 한 꾸러미, 운동화, 샌들, 슬리퍼, 일반 수건, 비치용 수건….

마지막 의식처럼 냉장고에 넣어둔 김치를 꺼내 트렁크에 싣고, 삼촌네 식구들과 차례로 포옹했다. 모든 준비가 끝났다. 아직 정리되지 못한

것들은 검정 비닐봉지에 담았다. 어마어마한 짐들을 보니 한숨부터 나왔다. 시간이 어서 흘러 여행도 저 음식들도 다 사라져 버렸으면. 갑자기 이 모든 게 버겁게만 느껴졌다.

2009년 9월 16일, 우린 그렇게 4개월의 대장정을 시작했다.

애들레이드에서 곧장 플린더스 산맥으로 가지 않고 애들레이드 힐을 지나 바로사 밸리(Barossa Valley)를 거쳐 가기로 했다. 플린더스 산맥이 애들레이드 힐에서 이어지기도 하고, 작년에 일했던 포도농장 주변을 둘러보고 싶어서였다.

바로사 밸리는 웨스턴오스트레일리아의 마가렛 리버(Magaret River), 스완 밸리(Swan Valley), 뉴 사우스 웨일즈의 헌터 밸리(Hunter Valley) 등과 더불어 호주를 신흥 포도주 산업국으로 만든 주역이자 사우스오스트레일리아 주요 관광지다. 호주 포도주의 25%가 여기서 생산되며, 특히 블랙 페퍼 시라즈(Black Pepper Shiraz)는 세계 최고로 꼽히는 명품이다. 지구에서 가장 척박하고 물이 부족한 곳에서 최고품질의 포도주가 만들어지는 것이다.

호주에 도착한 해 겨울, 우리는 애들레이드 힐 근처의 포도농장에서 두 달 동안 일했다. 군데군데 간이 화장실이 서 있고 어디가 시작이고 끝인지 경계를 알 수 없는 초대형 농장이었다. 농장주를 만난 적은 단 한 번도 없었고, 우린 컨트랙터(contractor)라고 불리는 한국인 매니저와 연락을 했다. 임금도 그에게서 받았다.

우리에게 할당된 일은 포도나무 가지치기인 소위 프루닝과 롤링. 새 가지가 자리를 잡을 수 있도록 제멋대로 꼬여있는 두껍고 우람한 가지들을 쳐내는 봄맞이 작업이었다. 우리의 겨울처럼 폭설이 내리거나 하진 않지만, 애들레이드로서는 가장 추운 8월에 하루 여덟 시간씩 야외에서 일하는 건 무척 고됐다. 돈이라도 잘 벌었으면 덜 힘들었을 텐데. 숱하게 읽었던 수기들을 떠올리며 오로지 '대박 일꾼'이 되겠다는 일념으로 하루를 시작했지만, 이놈의 몸이, 손가락이 말을 안 들었다. 한 손으로 쥐었다가 펴기도 벅찬 푸르닝 전용 가위질은 고사하고, 장갑 낀 손가락으로 얇고, 짧고, 가느다란 케이블 타이를 실수 없이 한 번에 집는 데만 몇 주가 걸렸다.

자고 일어나면 팔이 저리고 손가락 마디가 제대로 펴지지 않을 만큼 힘들었지만 정작 기본 생활비도 못 벌었던 최악의 날들. 외삼촌 댁에 공짜로 얹혀사는 게 죽도록 창피해도 다른 대안이 없어 자존심이 상할 대로 상했던 시간. 그래도 그때가 나쁘지만은 않았던 건, 농장 풍경이 어느 관광지 못지않게 아름다웠기 때문이다.

해가 막 떠오를 무렵이면 고요한 농장 한 편의 저수지에서 얇은 속저고리같이 새하얗고 투명한 물안개가 하늘거리며 날아올랐다. 곧 하늘이 열리고 금빛 햇살이 쏟아져 내렸다. 태양이 높이 떠오를수록 파란 하늘은 더욱 파래지고, 솜처럼 부드럽고 폭신한 구름이 그 하늘을 자유롭게 떠다녔다. 치이치이 꾸우꾸우 트르르르. 새들이 저마다 지저귀는 소리가 농장 구석구석에 울려 퍼지고, 바스락거리는 소리가 들려 뒤돌아보면 엉덩이에 두둑하게 살이 오른 털북숭이 양 떼들이 고랑과 고랑 사이를 신 나게 뜀박질하는 풍경.

육체노동은 골치 아프게 잔머리를 굴릴 필요가 없었다. 같은 동작으로 한 가지 일만 계속하다 보면 광활한 우주에 나 혼자 떨어져 있는 것 같았는데, 공허하고 외로운 게 아니라 완벽한 조화로움의 한가운데 서 있는 기분이었다. 그 순간만큼은 내가 오늘 얼마를 벌 수 있을지, 여행하려면 얼마나 많은 포도 가지를 쳐내야 하는지 하는 것들도 중요하지 않았다. 난 그냥 살아서 숨 쉬고 움직일 뿐이었다. 인중과 콧구멍 주변에 콧물이 맺힐 정도로 겨울바람이 매서웠지만 얼마 안 가 모자 안쪽에 땀이 스며들었다. 몸이 피로할수록 상쾌한 기분마저 들었다. 서울에서 번듯한 사무실에서 일할 때보다 막노동하는 지금이 더 행복하다고 생각했다. 텃밭에 상추와 고추를 키우며 사는 꿈을 꾼 것도 그때부터였다.

어쨌든 우린 여행하는 동안 포도주를 마실 일이 생기면 늘 "바로사 밸리 산 시라즈!"를 외치며 한때나마 이곳에서 일한 자로서 의리를 지켰다.

한 사람의 취향을 파악하는 요인은 여러 가지가 있지만, 선호하는 장소나 일도 중요한 힌트가 된다. 물론 선택의 폭이 좁은 워홀러 대부분에게는 해당 사항이 아닐 때가 많은데, 그래도 '농장파'가 '공장파'보다 좀 더 순한 구석이 있었다.

농장일은 임금 지급 방식에 따라 시급제, 능력제로 나뉜다. 시급제는 시간당 고정된 임금을 받는 것이고 능력제는 말 그대로 일한 양에 따라 받는 것이다. 푸르닝이 '빨리빨리'가 안 통하는 고된 일인 줄 잘 아는 영리한 농장주는 워홀러 대다수를 능력제로 고용했는데, 그건 왕복 차비에 식비를 제외하면 남는 게 없을 정도로 야박한 조건이었다.

하도 벌이가 시원찮으니 기회만 왔다 하면 벗어날 궁리만 하는 처량한 신세들이라 눈빛이 초조했다. 하지만 버너를 가져와 라면을 끓여 먹거나 커다란 양푼에 비빔밥을 해먹는 소소한 기쁨마저 무시할 정도로 각박하지는 않았다. 쉬는 시간에는 삼삼오오 모여 가지치기용 가위는 역시 독일제니 프랑스제니 하는 잡담을 했고, 점심을 먹고 나선 자치기를 하며 배를 꺼트렸다. 오후 내내 비를 흠뻑 맞으며 일한 다음부터는 굉장한 유대감마저 생겼다. 그놈의 돈이 뭐라고. 뭐로 보나 농장체질인 사람들의 꿈이 고기공장에서 일하는 게 되어버린 현실이 원망스러울 뿐이었다.

워홀러들이 일자리를 얻는 방법은 한국인 에이전시나 현지 잡 센터 같은 업체에 의뢰하거나, 해당 사업장에 직접 찾아가 지원하는 게 일반적이다. 물론 가장 쉬운 길은 말이 통하는 한국인 에이전시나 교민 사이트, 잡지를 통해 구하는 것.

기왕 호주까지 온 거 처음엔 직접 부딪혀보고 싶었다. 소위 시티 잡으로 불리는 식당 서빙이나 주방보조, 청소 등의 일자리가 훨씬 많지만 우리는 농장이나 공장에 집중했다. 체류 기간을 1년 더 연장할 수 있는 세컨드 비자를 신청하려면 일차 산업 분야에서 적어도 석 달간 일해야 했다. 그런데 상황이 녹록지가 않았다. 직접 문의해본 결과 워홀 비자에 대해 아예 모르는 사업장도 있었고, 이상기온 탓에 농장의 수확시즌마저 늦어지고 있었다. 하나같이 당분간은 추가 채용 계획이 없다는 답변뿐이었다. 그러다 한 고기공장에서 무슨 무슨 한인 에이전시를 통해 지원하라는 희망적인 말을 들은 나는 한 치의 망설임도 없이 그곳으로 달려갔다. 한인 에이전시면 어때. 동포끼리 서로 도우면 더 잘된 일이지. 돈이 바닥나는 상황에서는 자존심도 뭣도 없었다.

그런데 에어전시를 통하면 굉장히 쉬울 줄 알았더니, 직접 해보니까 그렇지만도 않았다. 애초 워홀비자가 자국의 노동력 확보와 소비촉진을 위해 만들어진 것이다 보니 한 회사에서 6개월 이상 일할 수 없는 근본적인 제약이 있고(세컨드 비자를 받을 경우 한 해에 6개월씩 최대 1년을 같은 회사에서 근무할 수 있다), 호주 경기가 어려워지면서 상대적으로 수입이 안정적인 공장에 지원자가 대거 몰렸다.

그러다 보니 워홀러의 좁아진 입지를 이용해 불법적으로 돈을 버는 업자들도 생겨났다. 그들은 비싼 소개비를 요구하는 것은 기본에, 본인이 소개해준 회사에서 일하는 동안에는 무조건 지정된 숙소에서 기거해야 한다는 불합리하고 치사한 조건을 달았다(워홀러들이 매주 지급하는 렌트비로 고정이익을 얻으려는 수법이다). 그래도 우리로선 울며 겨자 먹기일 수밖에 없는 것이, 공장에서 충원할 인원을 알려오면 그 명단을 채우는 것은 오로지 에이전시의 권한이기 때문이었다.

나의 에이전시 사장, 닥터 존 킴(일명 김 박사)을 만나러 가는 길. 나는 비굴해지기로 마음먹었다. 같은 건물 1층에 있는 한인상점에서 산 비싼 음료수 상자를 들이밀며 "나는 여기 애들레이드에 이민 와 사는 박 아무개의 조카요."라고 말해버린 것이다. 그랬어도 포도농장을 탈출해 공장으로 들어가기까지는 그로부터 두 달이 더 걸렸다.

그렇게 입사한 고기공장에서의 첫날은, 몇 년이 지난 지금도 또렷하게 기억난다. 주차장에 내리자마자 코를 찌르던 살갗을 태우는 냄새, 환자복 같은 흰옷에 검붉은 피를 잔뜩 묻히고 카페테리아에 앉아 아무렇지 않게 햄버거를 먹던 사람들, 옆 사람의 말이 들리지 않을 정도로 요란하던 기계음.

"여기서 일할 수 있겠어요?"

오리엔테이션이 끝난 뒤 같은 날 입사했던 남자 동기들이 안쓰럽다는 듯 물었다. 그래도 해야지요, 어떻게 잡은 기회인데. 하필 포도농장 친구들이 아른거려 눈물이 찔끔 났다.

고기공장의 업무는 크게 도살, 패킹, 포장 부분으로 이뤄졌다. 키가 크고, 어깨가 살짝 구부정한 슈퍼바이저가 양(Lamb)어깨를 포장하는 작업대로 나를 밀어 넣었다. 예상한 바이긴 하지만, 고기공장일은 노동 자체의 즐거움이나 보람 같은 것과는 아무런 관계가 없었다. 일어나자마자 제일 먼저 하는 일은 뜨거운 물에 퉁퉁 부은 손가락을 녹이는 거였고, 기계에 절단된 날카로운 뼈에 베어 항시 밴드를 붙이고 살았다.

그래도 체력적인 고통은 괜찮았다. 정말로 견디기 힘들었던 건 <모던 타임즈>의 한 장면처럼 기계에 밀리고 밀리다 나 또한 기계 일부가 된 것 같은 느낌이었다. 우리 작업장에 한국인은 나 혼자라서인가. 올림픽에 출전한 국가대표라도 된 기분이었다. 국가대표의 마음으로 모든 일을 완벽하게 해내려다 보니 스트레스만 늘었다.

하루에 몇천 마리씩 죽어 나가는 소와 양의 죽음에 일조한다는 살육의 고통도 컸다. 고랑 사이를 뛰어다니는 살찐 양의 궁둥이를 보며 행복해하던 내가 차갑게 굳은 살덩이를 비닐봉지에 쑤셔 넣고 있다니. 인간의 배를 불리기 위해 공산품 찍어내듯 동물을 길러내고 아무렇지 않게 도살하는 이 세상도, 나도 비정상처럼 느껴졌다. 호주 일주에 필요한 경비를 모아야 한다는 것, 시간이 지나면 몸도 마음도 익숙해지겠지 하는 것만이 유일한 위로였다.

시간이 지나자 서서히 주변이 눈에 들어오기 시작했다. 그런데 이 공간에서 전전긍긍하며 기계처럼 돌아가는 건 나뿐인 것 같았다. 누구나 열심히는 했지만, 그렇다고 나처럼 쉬는 시간까지 반납하고 잔량을 처리하지는 않았다. 본인이 할 수 있는 만큼만 하면 된다는 분위기였다. 감당하지 못할 만큼의 물량이 쏟아지면 걸쭉한 욕을 쏟아내며 빨간색 긴급정지 버튼을 눌렀다. 그건 레일과 함께 수십 명의 일손이 멈춘다는 뜻이었고, 그때부터 바빠지는 건 이 사태를 조율해야 하는 슈퍼바이저였다. 머리가 허연 노인들이 젊은이들과 같은 일을 할 수 있는 것도 각자의 역량을 존중하기 때문이었다. 입사하기도 어렵지만, 회사에 들어가서도 끊임없이 윗사람에게 잘 보여야 하는 우리나라에선 상상도 할 수 없는 일이었다.

공장에서 가장 기억에 남는 건 소고기 가공 파트에서 보닝(boning), 즉 뼈에서 살을 발라내는 '칼질' 장면을 목격한 일이었다. 소가 워낙 덩치가 커서인지 날렵한 칼을 손에 쥔 사람들도 천천히 움직였는데, 그 모습이 뭐랄까. 마치 느린 리듬에 맞춰 춤을 추는 댄서 같기도 하고, 커다란 캔버스에 붓질하는 화가 같기도 하고, 첼로를 켜는 것 같다고 해도 좋은. 하여튼 우아하고 절제 있는 동작들이었다. 아트. 우리 삶 자체가 살아 있는 예술이란 걸 깨달은 순간이었다.

이렇게 고되고, 역겹고, 자괴감에 빠져 시작했던 8개월의 고기공장 일은 결국 잊지 못할 인연들을 남기고 막을 내렸다. 마지막 날 내 자리까지 일부러 찾아와 호주에서의 남은 일정을 응원해 주던 동료들, 급료를 올려줄 테니 좀 더 일해 달라던 익살꾼 슈퍼바이저, 내 사물함에 포도주와 편지를 넣어준 입사 동기, 그리고 한국 워홀러들에게 무슨 일이 생기면 틀림없이 나타나 해결해주는 홍 반장이나 다름없던 my best friend, Mark. 작업장 풍경과 동료들의 사진을 찍을 때는 정말이지 눈물이 핑 도는 걸 겨우 참았다. 또 한 번 해냈구나. 나에게도 칭찬을 해주고 싶었다.

　그 후 같은 마을의 허브농장에서 일하는 6개월 동안 우린 몸도 마음도 날아갈 듯 가벼웠다. 애들레이드 힐에서의 농장 경험도 있었고, 내가 상대해야 하는 것들도 양고기가 아니라 청경채 같은 싱싱한 채소들과 고수, 민트, 로즈메리 같은 향신료들이었다. 더구나 여섯 달만 지나면 드디어 여행이 시작될 참이었으니 하루하루가 즐겁지 않을 이유가 없었다.

　포도농장처럼 대규모가 아니라 열댓 명 남짓의 '가족적인' 회사다 보니 일을 못 하면 바로 퇴출당하는 '비 가족적인' 불상사도 가끔 일어났다. 한겨울 비수기 시즌에는 일이 없는 날도 있어 공장만큼 안정적으로 돈을 벌 수는 없었다. 하지만 다 좋았다. 새장에 벗어난 새처럼 자유로웠으니까.

　기분이 내키면 큰소리로 온갖 노래를 불렀고, 농장 주변을 콩콩거리며 뛰어가는 야생 캥거루나 토끼를 구경하며 한참 시간을 보내기도 했다. 기계 속도에 맞추느라 정신없이 손만 놀리던 것과는 차원이 달랐다.

　한동안 말없이 앞만 보며 운전 중인 그의 손등을 가만히 움켜쥐었다. 여행자에게 1년이 넘는 정착 생활은 결코 짧은 것이 아니었다는 걸 난 그제야 실감하는 중이었다. 익숙한 모든 것이 사라졌어도 누군가 여전히 내 옆에 있다는 게 이토록 안심되는 일이구나. 혼자 여행할 땐 전혀 몰랐던 일이었다. 그가 말없이 미소를 지어 보였다.

　오후가 지나자 순식간에 어둠이 내렸다. 우리의 첫 목적지인 플린더스 산맥의 윌페나 파운드에 거의 근접했다고 느껴질 무렵, 도로변 숲에 들어가 자리를 잡았다. 휴대폰 조명마저 ㄸ자, 심해처럼 검고 푸른 빛깔이 주변을 에워쌌다. 아무것도 보이지 않는다는 건 이런 느낌이구나. 도저히 잠이 올 것 같지 않은 진짜 어둠이었다.

사실 잠을 방해한 건 에어 매트리스였다. 앞좌석 공간이 부족해 미처 옮기지 못한 짐들을 한쪽 창가에 세워두었더니, 매트리스가 제대로 다 못 펴져서 경사면이 생겼다. 잠들만 하면 몸이 또르르, 남편이 자는 쪽으로 굴러갔고, 다시 제자리로 돌아오다 보면 잠이 깨어 버렸다.

그가 깨지 않도록 조심스럽게 창문을 열었다. 싸늘한 공기가 삽시간에 차 안을 파고들면서 상상인지 현실인지 알 수 없는 벌레 울음소리, 바람이 나무에 부딪히는 소리, 멀리서 지나가는 자동차 소리가 소곤거리듯 밀려왔다. 갑자기 심한 갈증이 느껴졌다.

낮에 바로사 밸리에서 포도주라도 한 병 사둘걸.

무슨 일들이 벌어질지 알 수 없어 불안하지만, 그래도 내일이, 아침이 몹시 기다려졌다. 명색이 여행의 첫날밤인데, 남편은 색시의 어지러운 마음은 풀어줄 생각도 없이 어느새 코를 골았다. 일정한 속도와 음정으로 반복되는 소리가 심란했던 마음을 오히려 안정시켜주었다. 나도 서서히 심해 속으로 가라앉았다.

호주와 나 때때로 남편

마리(Marree)

유치찬란함의 미학

플린더스 산맥을 지나 험난한 비포장도로에 들어선 것은 엄청난 모험심 때문이 아니었다. 순전히 '아웃백' 노래를 부르는 그의 입을 막아버리기 위해서였다.

시골이 다 거기서 거기지, 먼지투성이의 흙길이 뭐 볼 게 있다고.

읍내로 나가는 버스가 하루에 대여섯 대뿐이던 깊숙한 산골에서 자란 나는 아웃백에 대한 환상이 전혀 없었다. 반면 그에게는 '종교'나 다름없었다. 그는 아웃백이야말로 호주 여행의 하이라이트라고 굳게 믿고 있었다. 캠핑 여행의 방식을 고집한 것이나 기어이 사륜차를 장만한 것도 오로지 아웃백 때문이었다.

　도시 출신인 그가 오지에 목을 매는 심정은 백번 이해했다. 나 역시 그 반대 지점에서 도시를 동경하며 자랐으니까. 그리고 무작정 싫다는 것도 아니었다. 안 그래도 한 번은 가봐야지 했다. 하지만 그가 침을 튀겨가며 열 번을 토할 때마다 그러마 하고 했던 마음이 싹 가셔버렸다.

　차라도 멀쩡했다면 이렇게까지 부정적이지 않았을지도 모르겠다. 나는 자동차의 미세한 소음에도 심장이 덜컹거릴 만큼 무척 민감해진 상태였다. 정비사가 "달리다가 갑자기 멈춰 설 정도로 심각한 문제는 없다."고 했지만, 그것이 아무 문제도 일어나지 않을 거라는 보장은 아니었다. 자금 때문에 모른 척 덮어둔 몇 가지 문제들이 결정적인 순간에 말썽을 부리면 어쩌나. 더구나 거기가 아웃백이라면 꼼짝없이 여행이 중단될 수도 있는데. 그렇다고 잔뜩 기대에 부풀어 있는 그를 모른 척할 수도 없으니 골치였다.

　하도 아웃백 아웃백 하니까 '아웃백'이라는 특정 지역이 있는 것으로 오해할지도 모르겠다. 아웃백은 일반적으로 노던테리토리와 서호주 북부를 비롯한 내륙의 사막 초원 지역을 일컫는 보통명사다. 기후가 혹독하고 건조해서 사람이 거의 살지 않는 공허한 땅이지만 울루루, 벵글벵글 같은 대표적인 관광지들이 위치해 있고, 호주 원주민의 전통적인 생활 근거지이기 때문에, 그의 말마따나 호주를 제대로 여행하려면 아웃백 여행은 필수나 다름없다.

　그러나 어디서부터 어디까지가 아웃백이냐고 묻는다면 무척 난감하다. 호주 일주까지 한 마당에, 그것도 호주의 핵심이라는 것에 대해 명료

하게 설명하지 못하는 것은 안타깝다 못해 면이 안 서는 일이지만, 아무
튼, 이놈의 아웃백은 깔끔하게 설명하기가 무척 모호한 개념이다. '여기
서부터가 아웃백'이라는 이정표가 있는 것도 아니고 명확한 기준도 없
어서다.

그러므로 내가 제안할 수 있는 방법은 한 가지뿐이다.

차를 몰고 밖으로 나가보라는 것. 호주 어디에 있든 내륙으로 꾸준히
세 시간만 달려보시라. 건물들이 하나둘 사라지다 주변이 온통 자잘한
덤불뿐이란 걸 깨닫게 되는 순간이 있을 것이다. 거기가 바로 아웃백이
다. 그 덤불 사이를 달리다 보면 사막이 나오고, 다시 덤불이 나오다 도
시로 이어지는 것. 이것이 바로 호주 아웃백 여행, 호주 일주의 패턴이었
다.

나는 시큰둥했지만, 사실 아웃백은 유명하다. 페루의 마추픽추나 우
유니 소금사막처럼 그 자체로 상징성이 있다. 미국 드라마 <로스트>에
서 휠체어 신세였던 존 로크가 호주에 갔던 것도 아웃백을 체험하기 위
해서였다.

무엇이 이토록 사람들을 끌어들이는 것일까. 지금 생각해보면 이유
는 한 가지다. 생명체가 살아가기 힘든 혹독한 자연. 사람들은 거기서
자신의 한계를 시험해 보고 싶은 것이다. 거기서 살아남는다면 앞으로
못해낼 일은 하나도 없을 테니까.

우린 플린더스 산맥을 지나 사우스오스트레일리아의 아웃백으로 이
어지는 북쪽으로 가는 중이었다. 나는 가이드북을 들춰보며 어디가 좋
을지 열심히 머리를 굴렸다. 한때 소떼들의 이동 루트였다던 버즈빌과
마리를 잇는 버즈빌 트랙(Birdsville Track), 호주 남부에서 북부로 종단

하던 탐험대가 비극적인 최후를 맞이했다는 인나밍카에서 역시 마리로 이어지는 스트제레키 트랙(Strzelecki Track), 말이 필요 없는 전설의 심슨 사막(Simpson Desert), 그리고 내륙의 한가운데를 관통해 노던테리토리까지 이어진 올드 간 철로(Old Ghan Railway)를 따라가는 우드나다타 트랙.

"우드나다타로 가자!"

선심 쓰듯 외쳤지만 사실 우드나다타를 선택한 건 '그나마 쉬운 편'이라는 가이드북의 설명 때문이었다. 이번 기회에 해치워 버리고 그가 아웃백 얘기를 꺼낼 때마다 두고두고 우려먹을 심산이었다. 부디 아무런 사건·사고 없이 무사히 지나가길 빌며 우드나다타 트랙의 입구, 마리에 도착했다.

인구가 백 명도 안 되는 마을의 첫인상은 황량하다는 거였다. 전 세계 어디서든 휴대폰으로 화상대화를 할 수 있는 시대에, 허리춤에 22구경 리볼버 권총을 찬 카우보이가 나타나도 전혀 이상할 것 같지 않은 분위기라니. 호주에 머무는 동안 꽤 여러 곳을 여행하고 다녔지만 이렇게 허망할 정도로 삭막한 곳은 처음이었다. 이런 곳에 사람이 산다는 게 당황스러울 정도였다. 차에서 내리자마자 금방 목이 칼칼해졌다. 메마른 건초더미가 굴러다녔고, 운동화가 지나간 걸음마다 뿌연 먼지가 따라 일었다. 당연히 휴대전화도 먹통이었다. 내 심장마저 바짝바짝 마르는 기분이었다.

그런데 답답했던 마음이 풀린 건 이곳의 유일한 숙박업소처럼 보이는, 따라서 맘만 먹으면 얼마든지 돈 벌 거리가 많았을 마리 호텔이 무료. 야영장을 제공한다는 걸 안 다음부터였다. 인기가 많은 안쪽 구석은 이미 다 차 있었지만, 잘 곳이 정해진 것과 아닌 것은 그야말로 하늘과 땅 차이였다. 거기다 따뜻한 물도 잘 나오고 깨끗하기까지 한 샤워장 이용료가 단돈 2달러라니! 그것도 먼저 사용료를 내고 샤워장 열쇠를 받아오는 일반적인 시스템이 아니었다. 귀엽게도 스펠링마저 틀린, "알아서 요금을 넣어 달라."는 메모가 적힌 나무상자가 샤워장 입구에 성의 없이 걸려 있을 뿐이었다.

적당한 자리에 하니를 주차하고 골목을 따라 걸었다. 그때, 원주민 서너 명이 나타났다.

'이들이 그 유명한 애버리지니이구나!'

고기공장에서 일할 때 혼혈들을 보긴 했지만, 순수 오리지널 원주민을 만난 건 처음이었다. 도시에서는 이상하리만치 마주칠 기회가 없었는데 아웃백 입구에서 드디어 만난 것이다.

주변을 감상하는 척 천천히 걸으며 그들을 관찰했다. 흑인에 가까운 검은 피부와 크고 두꺼운 입술, 넓고 긴 인중, 상대적으로 짧고 뭉툭한 코와 곱슬머리. 영양이 부실해서인지 원래 그런지, 심하게 마른 팔다리에 배만 불룩 튀어나와 있었다.

이들은 여행자를 좋아할까 싫어할까? 선천적으로 정착 생활과는 거리가 멀다던데. 그래서 지금도 집시처럼 떠도는 걸 선호한다던데. 누구든 붙잡고 물어보고 싶었지만 차마 용기가 안 났다.

"원주민들은 맘에 안 들면 길거리에서도 아무렇지 않게 사람을 죽인다."

백인 친구들이 심각한 얼굴로 말하던 것들이 생각나서였다. 장소가 어디든 그들을 만나면 무조건 조심하라고 했다. 괜히 말 한마디 잘못했다가 봉변이라도 당하면? 이 작은 마을에서 동양인 커플이 사라진다 해도 아무도 의심하지 않겠지. 아니, 그런 일이 일어났는지조차 모를 것이다.

우린 황급히 자리를 떴다. 그리고 이날 우리의 판단과 행동이 잘못됐다는 것은 며칠 뒤 앨리스스프링스에서 알게 되었다.

야영장을 둘러싼 슬레이트 담벼락이 주황색으로 물들어 갈 무렵, 주변이 술렁이기 시작했다. 흙먼지로 가득 채워진 커다란 수영장에 잠수라도 했다 나온 것 같은 투어 차들, 사륜구동들이 하나둘 모여들고 있었다. 자갈도 부숴버릴 듯 커다란 바퀴를 달고 있는, 올라타기도 힘들 만큼 차체를 높인 개조 버스 차량에서 한 무리의 중년들이 쏟아져 내렸다. 다른 야영객들과 같은 공간에 있는 일이 처음인 우리는 신이 나기도 하고 왠지 긴장도 됐다. 곧 신기한 캠핑 장비 쇼가 열렸다. 끝이 우산처럼 좁다랗고 아래가 넓게 퍼지는 천막이 세워졌고 무슨 조화를 부렸는지 자동차 지붕 위에 텐트가 턱 하니 올라탔다. 간이 샤워장도 만들어졌다. 그것만으로도 충분할 것 같은데 그들은 커다란 천막의 위용에 어울릴 만한 널따란 테이블을 펼쳤다. 의자는 인원수에 맞게 준비되었다. 그리고 커다란 차량용 냉장고에서 막 꺼낸 시원한 맥주!

나는 하도 오랫동안 해 와서 지겹기까지 하다는 표정으로 트렁크에 앉아 책을 펼쳤지만, 사실 약간 주눅이 들어 있었다. 바람 빠진 에어 매트리스를 한쪽으로 구겨 놓고 밥을 먹는 우리가 벌거벗은 침팬지처럼 초라하게 느껴졌다. 다른 사람들과 비교하는 게 싫어 서울을 도망쳐 나왔으면서 남들에게 능숙하게 보이고 싶다는 생각을 하다니.

집 안의 첫째인데다 1등만 대우받는 사회에서 자란 탓이겠지만, 나는 무슨 일이든지 잘하고 싶은 강박관념이 강한 축에 속했다. 그 강박관념이란 게 사실은 자신의 부족한 면을 드러내기에 십상인데, 그건 그와의 관계에서도 마찬가지였다.

얼마나 자주, 세밀하게 상상했던가. 가끔은 지겹다는 표정을 지으며, 사랑하는 남자를 마음대로 휘두르는 능숙한 여자가 되어야지 하고. 그런데 막상 그 일이 닥쳐오자 난 내가 생각했던 것과는 정반대로 사고하고 행동하기 시작했다.

원래부터 감정을 통제하는 일에 익숙하지도 않지만, 나는 그에게 앞뒤 안 가리고 달려들었다. 그와 관련된 문제에 대해서는 한없이 유치해졌다. '어떻게 하면 그와 조금이라도 더 오래 있을 수 있을까, 어떻게 하면 그를 안달하게 할 수 있을까.' 온종일 한 사람 생각에 정신이 몽롱했다. 철저하게 그에게 휘둘리는 느낌이었지만, 그래도 어쩔 수가 없으니 난감한 노릇이었다. 콧대 높고 도도한 여자처럼 보이기는커녕, 울고불고, 매달리고, 조바심을 내고, 애간장을 태우고 질척거리며 처음인 티를 팍팍 냈다.

반면 그는 나를 자유자재로 들었다 놨다 했다.

그런 건 도대체 어디서 배웠는지, 턱을 약간 쳐들고 세상에서 가장 아름다운 무언가를 보는 것처럼 몽롱하게 나를 바라볼 때면, 난 내가 김태희라도 된 듯한 착각에 빠졌다. 그리고는 맹세하는 거다. 평생 이 남자만 사랑하기로.

그러나 생각해보면 그런 시간 덕분에 우리가 지금껏 함께하는 게 아닌가 싶다. 그렇게 바보같이 못나고, 지질한 나를 발견하면서 지금 내가 하는 게 사랑이란 걸 알았으니까.

그러니까 진심으로 좋아한다는 건 내가 망가지는 일쯤 기꺼이 감수해야 한다는 뜻이다. 결과가 어떻든 간에 나쁠 건 없다. 누군가에 미친 듯이 몰두했던 한때의 기억으로, 혹은 그 한 번의 사랑을 기다리며 우리는 살아가는 것일 테니까.

그러니 그대여 두려워 말고 더욱 유치찬란해지자!

우드나다타 트랙(Oodnadatta Track)

길들이기

마리를 떠나기 전, 작은 슈퍼 겸 식당 겸 주유소에서 기름을 가득 채웠다. 커다란 기름통을 서너 개씩 달고 다니는 사륜차들을 보며 호주 어딜 가든 만 땅 채운 기름을 다 쓰기 전에 주유소가 나타나건만 꼭 저렇게 여행하는 티를 내요, 했는데 다 이유가 있었다. 기름 값이 도시보다 두 배나 비쌌다. 그래서 돈을 안 내고 도망가는 경우도 있는지 주유 전에 신분증을 받아두거나 점원이 직접 주유를 해 주는 곳도 있었다(호주 대부분의 주유소는 운전자가 직접 주유를 하고 안쪽 카운터에서 결제하는 셀프 시스템이다).

영수증이 출력되기를 기다리며 안쪽의 식당을 둘러보았다. 일곱 시를 갓 넘긴 이른 시각인데도 아침 식사를 하는 이들로 분주했다. 놀랍게도 백발이 성성한 할아버지 할머니들이다. 호주는 전 세대에 걸친 캠핑 문화가 보편적이었다. 상대적으로 복지제도가 잘 갖춰진 덕분이겠지만, 돈이 많든 적든, 노인이든 젊은이든지 간에 앞날을 위해 저축하고 대비하는 것보다 현재에 집중했다.

그들을 보고 있으니 가끔 통화할 때마다 전화세 많이 나온다며 얼른 끊으라고 성화인 할머니 생각이 났다. 일제 강점기와 6.25, 산업화 시대를 겪으면서 평생 소처럼 일만 해온 우리 할머니 할아버지들. 더는 일을 못 할 만큼 늙어버렸지만 한 번 휘어버린 허리는 펴질 줄을 몰라서, 걸을 때는 몸이 자연스럽게 ㄱ자가 되어 버린다. 치열하게 살아온 것으로 치면 그들의 삶이 몇 배는 더 고단할 텐데. 무언가 대단히 불공평하게 느껴졌다. 하긴 언제는 공평한 게 있기는 했던가. 할머니가 해외여행을 못 할 만큼 노쇠해져서 이런 기가 차는 장면을 못 보는 게 차라리 다행이다 싶었다.

영수증을 받아들고 드디어 우드나다타 트랙에 들어섰다. 입구에는 구간별 도로상황이 표시된 커다란 알림판이 서 있었다. 다섯 개 중 한 구간만 폐쇄되었고 나머지 네 군데는 통행이 가능한 상태였다. 휴대전화도 안 터지는 곳에서 언제 어떻게 수집한 정보인지는 모르겠지만, 어쨌든 안심이었다.

트랙을 달린 지 몇 분도 안 돼서 난 충격에 휩싸이고 말았다. 마리의 황량함은 비교가 안 되는, 생전 처음 보는 거대하고, 장엄하고, 광활한 장면이 눈앞에 펼쳐졌다.

도대체 어떻게 이런 풍경이 있을 수 있지?

사방이 끝없는 하늘과 지평선, 그 지평선을 향해 촛불 심지처럼 가늘게 이어진 도로와 키가 작은 녹회색의 부시로 뒤덮인 평지였다. 내가 살았던 시골보다 좀 더 시골스러울 거라고만 상상했던 나는, 옆구리가 욱신거려 심호흡해야 할 정도였다.

곧 커다란 웅덩이와 바퀴 자국이 어지럽게 나 있는 길로 들어섰다. 돌덩이 하나를 피하지 못했는지, 차가 기우뚱하는 찰나, 엉덩이에 힘이 팍 들어갔다. 나는 문짝 위에 달린 손잡이를 움켜쥐었다.

"이 정도면 갈 만하겠는데!"

그가 조금씩 속도를 내기 시작했다. 곧 수백 미터는 돼 보이는 엄청난 먼지 바람이 하니 꽁무니에 따라 붙었다. 마침 반대편에서 집채만 한 먼지 기둥을 매단 사륜차가 우리 쪽으로 달려오고 있었다. 그리고 서로의 차가 스치려는 찰나 맞은편 차량의 운전자가 손을 번쩍 들어 올리며 인사를 했다. 너른 하늘과 너른 땅, 그 사이를 질주하는 인간들의 정. 나는 단박에 이해가 갔다. 왜 사람들이 아웃백을 사랑하는지.

그가 갑자기 차를 멈췄다. 내 손바닥만 한 도마뱀이 길을 막고 있었다. 하마터면 칠 뻔했다고 생각하자 머리카락이 쭈뼛 섰다. 갑작스러운 분위기를 눈치챘는지 도마뱀은 두 다리를 땅에 디디고 머리를 양옆으로 휙휙 돌리며 천천히 도로를 건넜다. 우린 그 작은 피조물이 한 발 한 발 내디딜 때마다 손뼉을 치며 환호했다. 첫 아이가 걸음마 하는 걸 지켜보는 부모가 된 것 같기도 하고, 도마뱀 따위에 호들갑을 떨 만큼 순수했을, 기억조차 나지 않는 시절로 돌아간 것 같기도 했다.

내가 아웃백에 반한 것은, 아무것도 없을 줄 알았던 이곳이 사실은 치열한 삶의 현장이라는 점이었다.

특히 우드나다타(Oodnadatta)에서 말라(Marla)에 이르는 200여 킬로미터는 철조망 없는 야생 동물원이나 다름없었다. 다른 구간에 비해 물이 좀 풍부하다 싶었더니 자잘한 부시 행렬이 갑작스럽게 나무 군락으로 변신했고, 왈라비(처음 보는 사람은 캥거루라고 생각할 정도로 비슷하지만 사실 캥거루보다 작고 얼굴 모양도 훨씬 갸름하다)와 소떼가 끊임없이 등장했다. 차에 치인 캥거루나 소의 사체를 뜯어 먹으며 도로를 점령하고 있던 독수리 떼가 커다란 날개를 펄럭거리며 하늘로 힘차게 날아오르는 것도 장관이었다. 우리가 지나가려는 찰나 우르르 뛰쳐나오는 새떼들은 얼마나 예쁘던지. 에뮤(타조와 비슷하게 생겼는데 한 가지 눈에 띄게 다른 점은 목까지 털이 무성하다는 것이다)는 참 부끄럼이 많았는데 풍만한 엉덩이를 뒤뚱거리며 도로로 뛰어들려다 우리를 발견하고는 황급히 덤불 속으로 사라지곤 했다.

가장 의외인 건 까마귀였다. 기름기가 좔좔 흐르는 까만 털에 덩치도 무척 커서 굉장한 아우라가 있었다. 서열로 치면 독수리 다음쯤일 것 같았다. 그들은 어찌나 영악한지 사람이나 자동차를 보고 달아나는 법이 없었다. 하도 미동이 없어서 우리가 멈춰야겠다 싶어 속도를 줄이면 그제야 겨우 움직였는데, 그것도 하늘 높이 헐레벌떡 도망가는 게 아니라 귀찮은 일이라는 듯 투스텝 투스텝으로 안쪽으로 살짝 비켜섰다가 우리가 지나가면 다시 유유히 걸어 나오는 식이었다.

시골에서 자란 나는 늘 자연을 그리워하긴 하지만 그것 때문에 눈을 껌뻑할 만큼 감동하는 일은 별로 없었다. 아무리 아름다운 산도 내가 수시로 들락거렸던 동네 뒷산보다 조금 더 클 뿐, 전혀 새롭거나 충격적인 풍경은 아니었으니까.

그런데 호주는, 아웃백은 달랐다. 어떻게 설명해야 할까. 내가 느낀 자유와 해방감을, 심장이 터질 듯 벅차오르던 감동을.

일단 하늘부터가 말이 안 됐다. 이렇게 지독하게 푸른빛이 가능하다니. 고층건물에 멋대로 가려진, 매연으로 제 색을 잃은 서울의 것과 하나라는 게 도저히 믿기지가 않았다. 거기까지 가서 고작 하늘 타령이냐고 할지 모르겠지만, 누구든 호주 아웃백 하늘을 보고 나면 내 말에 동의하리라.

여행을 갈망하는 이유. 처음엔 단순히 도시부적응 증상인 줄만 알았다. 복잡하고, 소란스러운 그곳에서 나는 늘 외로웠고, 바쁘게 살다 보면 내가 무엇을 위해 이렇게 사는지조차 헷갈릴 때가 많았다. 외식하든, 쇼핑하든, 도시에서 이뤄지는 모든 행위는 금액에 따라 가치가 매겨질 뿐이었다. 한 번 쓰고 나면 버려지는 일회용품처럼 영혼이 제멋대로 평가되고 소비되는 것 같아 안절부절못했다. 남들이 정해놓은 기준에 맞추는 건, 몸도 마음도 벅찬 일이었다. 늘 무언가를 하고 있지 않으면 손해 보는 느낌이었다.

그러나 새끼 도마뱀, 꽃 한 송이, 들풀 하나도 귀한 그 땅을 지나면서야 알았다. 내가 원하는 것은 작고 소중한 것들을 지키며, 내 감정을 존중하고 자유롭게 표현하며 사는 일이라는 걸.

참 신기한 일이었다. 이토록 나 자신에게 몰입할 수 있다는 것이. 그곳이 거칠고, 황량하고, 광활한 아웃백이라는 것이. 난 이곳에 들어선 것이 대단한 행운처럼 느껴졌다.

그런데 몇 시간째 같은 장면이 이어지자 한껏 고무되었던 아웃백 프리덤 정신도 서서히 시들해졌다.

"에어 호수 보고 갈까?"

까무룩 졸다가 그의 소리에 일어난 나는 별 뜻 없이 그러자고 했다. 얼마나 잤지? 창밖은 여전히 자잘한 회색 부시와 모래뿐이었다.

그런데 잠깐만, 그가 지금 호수라고 했나? 난 내가 잠결에 잘못 들은 줄 알았다. 그런데 지도책을 펼쳐보니 우리 오른쪽으로 약 700여 미터쯤 떨어진 곳에 정말로 호수가 있었다. 그것도 호주에서 가장 크고 세계에서도 열여덟 번째로 크다는 호수가.

난데없이 사막에 웬 호수? 아무튼, 희한한 나라라고 생각하며 가이드북을 뒤적일 때였다. 갑자기 잘 달리던 차가 기우뚱하며 왼쪽으로 무게 중심이 쏠린다 싶더니 내가 어어, 하는 사이 정상 루트를 벗어나 덤불 속을 달리고 있었다. 차가 갈 수 있는 게 용할 만큼 험한 덤불이었다. 차가 미친 듯이 요동을 쳤고 그때마다 내 심장도 벌렁거렸다. 정말 순식간에 벌어진 일이었다. 내가 너무 순진했지. 그가 에어 호수를 보자고 했던 건 시시하게 전망대로 올라가 사진이나 찍자는 게 아니었다.

그는 일탈이나 모험과는 전혀 어울리지 않은 스타일이었다. 내가 "알아서 해."하는 걸 제일 무서워할 만큼 우유부단했고, 수동적이며, 소극적이었다. 그러다 보니 별것도 아닌 일을 결정하는 데 몇 날 며칠이 걸렸고, 그 속 터지는 꼴을 보다 못한 내가 매번 나서서 일을 처리하곤 했다. 내가 아는 그는 분명 속으로 벌벌 떨고 있을 거였다. 그 불안함을 들키지 않으려고 필사적으로 앞만 노려보고 있었지만, 안타깝게도 그 모습이 나를 더 안절부절못하게 하고 있었다.

그는 이렇게 말하는 것 같았다.

"나는 원래 저돌적이야. 덤불 사이로 차를 모는 것쯤 아무렇지 않게 할 수 있는 사람이라고. 그러니 잠자코 있어. 곧 당신을 놀라게 해 줄 테니까. 그리고 이제야 하는 말인데, 사륜구동은 이러려고 장만한 거야!"

수년을 방약무인 같은 남자와 붙어 있다 보니 난 자연스럽게 잔소리꾼이 되어 있었다. 일찍 자라, 일어나라, 게임 좀 그만해라, 공부해라. 절대 말을 듣지 않는 사춘기 아들과 바득바득 잔소리를 해대는 엄마 같았다. 물론 이것은 내가 생각하는 정상적인 애인 관계가 절대 아니었고, 나는 그것에 지쳐 있었다. 나는 일단 잠자코 있기로 했다. 나의 이번 여행의 또 다른 목적은 그의 엄마 역할을 완전히 벗어버리는 거였다. 땅바닥에는 이미 이곳을 질주해간 차들의 바퀴 자국이 선명했다. 호수 쪽으로 돌진해 들어가는 것이 마냥 광기 어린 짓만은 아닌 모양이었다. 아니면 세상엔 내가 아는 것보다 미친 사람들이 훨씬 더 많던가.

동서로 77킬로미터, 남북으로 144킬로미터. 경기도 면적쯤 되는 에어 호수(Eyre Lake)는 사실은 물 대부분이 증발하고, 그 자리에 눈이 덮인 듯 소금이 얇게 깔린 염호다. 건조하고 오래돼서, 비가 내려도 물이 쑥 빠져버리는 땅. 그 대륙을 통틀어 하필 가장 건조한 지역에 자리 잡은 이 호수는 지난 150여 년 동안 물로 가득 채워진 적이 불과 세 번뿐이란다.

어디를 둘러봐도 거대한 하늘과 발목을 간질이는 물뿐이었다. 진흙과 소금이 뒤섞인 호수 바닥은 하얀 눈밭 같았다. 연분홍 가루를 살살 흩뿌려놓은 것같이 핑크빛으로 물든 곳도 있었다. 차에서 내린 나는 신이 나서 카메라 셔터를 눌러댔다. 그가 아니었으면 이렇게 가까이서 멋진 풍경을 보지는 못했을 텐데. 그를 정신 나간 것으로 오해한 것이 진심으로 미안했다.

순식간에 수십 장을 찍고 나서야 이 아름답고 평화로운 풍경 속에 우리 둘만 서 있다는 걸 알았다. 그리고 그것이 무척 비정상적인 것처럼 느껴졌다. 문득 내가 걸치고 있는 거추장스러운 것을 다 벗어버리고, 이 눈이 부신 햇살과 반짝이는 소금밭 사이에 완전한 누드로 서 있고 싶은 생각이 들었다. 브래지어 끈이 티셔츠 위로 비치는 게 싫어서 한여름에도 꼭 메리야스를 입는 내가 이런 발칙한 상상을 하다니. 당황스러웠지만 싫지는 않았다. 오히려 왜 지금껏 한 번도 이런 생각을 해본 적이 없었을까 그게 더 궁금했다.

누드 생각을 멈추고 정신을 차린 것은 발이 푹푹 빠질 만큼 땅이 질척거렸기 때문이다. 마리 주유소 직원이 일주일 전 이 지역에 제법 큰비가 왔다고 했던 게 떠올랐다. 그래, 이 정도면 됐다. 나는 조수석에 엉덩이를 걸치고 앉아 운동화를 탈탈 털어 진흙을 벗겨 낸 뒤 한껏 발랄해진 목소리로 외쳤다. 출발!

그런데 뭔가 이상했다. 굉음만 날 뿐, 차가 앞으로 갈 생각을 않고 있었다. 그가 간신히 입을 열었다.

"큰일 났다. 빠진 것 같아."

그는 육군 참모총장 앞에 선 이병처럼 잔뜩 얼어 있었다. 나는 말없이 가이드북을 들고 밖으로 나왔다. 이런 상황, 즉 그가 사고를 낸 상황에서 나는 그에게 부담만 될 테고, 난 그가 당황하면 못 견디게 불안해지기 때문이다. 더구나 여긴 휴대폰도 안 터지는 호수 한복판이었다. 가이드북을 쥐고 있는 손이 덜덜 떨렸다. "큰일 났다."는 그의 말이 귓가에서 뱅글뱅글 맴돌다가 마침내 뻥하고 터져버릴 것만 같았다.

"폭우가 쏟아지고 나면 도로가 유실되거나 끈적거리는 진흙으로 바뀌어 버리기도 한다. 이런 도로를 무리하게 여행하다간 며칠 동안, 심지어 몇 주씩 옴짝달싹 못 하는 경우도 생긴다."

우드나다타 트랙에 대한 가이드북의 경고는 과장이 아니었다. 수십 번 상상해 온 조난의 공포를 이토록 빨리 체험하다니. 머릿속은 아웃백에서 사고가 났을 경우 어떻게 해야 한다더라 하는 내용이 뒤섞여 난리였다. 난 순수하게 이 상황에 집중하려고 애썼다. 이 여행을 위해 지난 1년 반을 달려왔는데, 시작하자마자 끝낼 수는 없었다.

직접 구조요청을 할 수 없는 상황에서 SOS를 치는 방법이 뭐였지? 그래 스페어타이어를 태워서 사고가 난 위치를 알린다. 여긴 호수니까 바다처럼 밀물이 있거나 하진 않을 테고. 그래도 만약 비가 온다면? 그래서 하필 역사에 기록될 만큼 호수에 물이 차오른다면?

상황이 언제 종료될지 알 수 없는 것보다 더 괴로운 건 내가 할 수 있는 일이 아무것도 없다는 무기력감이었다. 가빠지던 호흡이 사그라지다 마침내 숨을 거두던 할아버지를 지켜볼 때처럼, 나는 가만히 서서 기다릴 수밖에 없었다. 남편이라고 뾰족한 수가 있는 것도 아니었다. 아까부터 강약을 조절해가며 액셀을 밟았다 뗐다만 반복했다. 그때마다 커다란 네 개의 바퀴는 뀌이이익, 하는 괴성만 내지를 뿐 제자리에서 헛돌기만 했다. 소금과 진흙이 뒤섞인 바퀴의 토사물이 사방으로 튀는 모습이 마치 날카로운 메스에 잘못 절단된 동맥에서 뿜어져 나오는 핏줄기 같아 나도 모르게 소름이 끼쳤다.

인제 와서 후회해봤자 소용없지만, 아무리 잔소리꾼이 되기 싫었어도 할 말은 해야 했다. 그랬으면 지금쯤 한적한 전망대에서 적당히 즐기다 아무 일 없이 갈 길을 갔을 텐데. 착한 부인 역할 놀이는 더는 없다! 아니, 이 여행을 안전하게 완수하느냐는 오로지 나에게 달려 있었다.

무한 반복되는 MP3처럼 원망과 분노, 간절한 소망이 수십 차례 반복됐을 무렵 기쁨과 안도에 찬 그의 목소리가 들렸다.

"됐다!"

아, 얼마나 기다려온 한마디인가. 좋아한다는 첫 고백을 듣던 날도, 눈물만 쏟아지던 프러포즈의 순간도 지금보다 더 애절하지는 않았다. 진 땅을 벗어나 몇 미터 앞에 멈춰서 있는 하니까지 단숨에 뛰어갔다. 그래도 한 번 쪼그라든 가슴은 한참 동안 펴질 줄을 몰랐다.

앞으로 남은 아웃백 트랙을, 호주 여행을 무사히 마칠 수 있을까? 잔소리꾼의 귀환, 그건 정말이지 달갑지 않은 일이었다.

그가 거칠게 문을 닫고 나가버렸다.

호수에서의 일로 한바탕 고성이 오간 후였다. 가이드북에 따르면 윌리엄 크리크(William Creek)는 인구가 열두 명밖에 안 되는, 호주에서 가장 작은 마을이었다. 끝내 지도에서 사라지지 않은 이 기특한 곳을 천천히 돌아보고 싶었건만 그 누구도 먼저 나서서 말을 걸 분위기가 아니었다.

나도 아쉬울 것 없다고! 나는 혼자서 마을의 유일한 상점이자 호텔, 주유소, 정비소 간판까지 달고 있는 펍에 갔다. 벽과 나무기둥 천장에 손님들이 남기고 간 갖가지 기념품과 명함, 지폐, 모자, 티셔츠, 심지어 차량번호판까지 달아놓은 곳이었다. 당연하게 셔터를 몇 번 눌렀더니 사진값을 내놓으란다. 뒤로 넘어져도 코가 깨질 날이군. 이렇게 생돈을 뜯길 바에야 차라리 맥주라도 한잔시킬걸. 마음껏 퍼주던 마리 호텔이 그립기만 했다.

처음부터 화를 내려던 것은 아니었다.

그런데 말을 하다 보니 "에어 호수에서 사고가 날 뻔한 것은 전적으로 네 탓이다"는 식으로 분위기가 흘러가 버렸다. 한 번 타이밍을 놓치자 수습하기는 점점 더 힘들어졌다. 사안은 더는 에어 호수 일에 대한 잘잘못을 따지는 게 아니었다. 첫 번째 위기를 잘 넘겼으니 앞으로 좀 더 신중하자는 여자와 더욱 대담해져야 한다는 남자의 기 싸움이었다. 아무리 그래도 오늘 같은 날은 얌전히 앉아 반성하는 척이라도 하는 게 인지상정 아닌가? 뻔뻔하게도 그는 지도에도 안 나오는 길을 가보자며 우기고 있었다.

"호수에서의 일을 반복할 순 없어."

나도 물러서지 않았다. 내가 거센 어조로 말하자, 이런저런 논리를 들이대 가며 설득하던 그가 "왜 나를 못 믿느냐."며, 최후의 카드를 꺼내고 말았다. 이럴 때면 그는 꼭 장난감을 사달라고 바닥에 누워버리는 막무가내 아이 같았다. 결과가 빤한데도 왜 이렇게 고집을 부리는지 도저히 이해할 수가 없었다.

"당신 맘대로 해! 지금부터 내 의견은 물어보지도 말고."

그런 아이를 달랜답시고 장난감을 사줬다가는 매번 이렇게 낯 뜨거운 장면이 연출되리라. 나는 바닥에 누운 걸 일으켜주거나, 장난감 사러 가자고 달래는 대신 무시하는 방법을 택했다. 그의 이상한 고집에 더는 할 말도 없었다. 내 말대로 기어코 뭔 사단이 나든가, 아니면 그에 대한 내 믿음이 견고해지든가 하여튼 결판이 나겠지. 그런데 싸움은 뜻밖에 쉽게 끝나 버렸다.

"그럴 거면 여행은 왜 해? 안전한 집 안에 가만히 있지."

결정적인 한 방을 내뱉은 그가 다시 원래의 방향으로 차를 몰았다.

여행을 좋아한다고 해서 반드시 '모험적'인 성향인 것은 아니다.

오히려 나는 확실히 좋아하는 것을 더 즐기는 편이었다. 소설도 좋아하는 작가 위주로 읽고, 음악도 듣던 것만 들었다. 가요를 들어온 지난 20년 동안 카세트테이프에서 시디플레이어, MP3에 아이팟까지 음악을 감상하는 도구들은 눈부시게 진화했건만, 내 폴더의 80%는 여전히 서태지, 부활, 김경호로 채워져 있었다.

여행이야말로 가장 행복한 일이라고 여기는 내가 생판 초보에게 이런 말을 듣다니. 솔직히 그의 말은 무척 충격적이었다. 깊숙한 폐부를 찔린 기분이었다. 그가 맞았다. 예정에 없던 길에 들어서면 처음엔 어쩌다 이런 실수를 하게 됐나 짜증이 나지만, 지나고 보면 어느 길이든 그 길만의 매력이 있었다. 마치 인생에 공친 시간이란 없는 것처럼. 회색 그림자가 진 모퉁이도, 반대쪽에서 보면 빛이 시작하는 지점일 수 있었다.

사실 나는 여행을 시작한 뒤로 완벽하기보다 좀 더 느슨해지고 싶다는 생각을 하는 중이었다. 완벽한 계획이란 애초부터 불가능했고, 잘 짜인 계획대로만 움직이는 건 확실히 박진감이 떨어졌다.

그의 마지막 원 펀치 이후로 우리는 대화 없이 달리기만 했다. 이미 윌리엄 크리크는 보이지 않을 만큼 멀어져 버렸고, 또다시 광활한 아웃백의 한복판에 서 있었다. MP3도 꺼버렸다.

침묵의 질주가 길어질수록 후회도 깊어졌다. 윌리엄 크리크로 돌아가 거기서부터 다시 시작하고 싶었다. 그의 팔짱을 끼고 마을 구석구석을 걷고 싶었다. 사진값을 내놓으라던 펍에 들어가 그들의 야박함을 비난하며 맥주를 마시면 분함이 좀 풀릴 것 같았다. 그리고 늘어지게 낮잠을 잔 뒤, 에어 호수의 일에 대해 다시 얘기하는 거다. 당신에게 그런 면이 있었느냐고. 놀라긴 했지만 그래서 더 기억에 남게 됐다고. 그러나 다음부턴 좀 더 조심하자고. 채찍과 당근을 부드럽게 잘 쓰는 노련한 엄마처럼.

그렇게 또 시간이 흘렀다. 적과 대치 중인 상황에서 꾸벅꾸벅 조는 건 모양 빠지는 일이었지만 고개가 자꾸만 툭 하고 떨어졌다. 무엇 때문에 화가 났었는지도 가물가물했다. 그저 화가 난 상태가 유지되고 있다는 것만 기억할 뿐이었다. 떨구어진 목을 다시 일으키며 정면을 바라보는데 어라, 저건 또 뭐야? 한 할아버지가 두 마리의 낙타를 끌고 우리 옆을 지나가고 있었다.

분명히 낙타였다. 도대체 무슨 사연으로 저 노인과 낙타 두 마리는 여기 있는 것일까. 살면서 전혀 예상치 못한 일이 몇 번 있었겠지만, 이렇게 무방비로 당한 적은 처음이었다. 사진을 찍어두지 않았더라면 언젠가 그런 '상상'을 했더랬지, 하고 기억을 의심할 만큼 비현실적이었다. 그들은 곧 하니의 먼지 기둥 속으로 사라졌다. 문득 우리도 언젠가는 늙고 병들어, 흔적도 없이 사라지고 말겠지 싶었다.

왜 그런 때가 있지 않은가. 죽음에 대한 자각이 너무도 강렬해서 지금 벌어지는 모든 일이 다 하찮거나 혹은 중요하게 느껴지는 순간. 만약 지금 당장 죽는다면, 살아서 마지막으로 한 일이 사랑하는 사람에게 짜증을 낸 것이라면 무척 후회스럽겠지?

그도 비슷한 생각을 했던 것일까. 그가 먼저 입을 열었다.

"미안해. 난 우리 여행을 좀 더 재미있게 만들고 싶었어. 그래도 여보가 싫다는 건 굳이 할 필요가 없었는데."

"나도 미안해. 좀 더 조심하고 싶었을 뿐이지 여보를 못 믿어서가 절대 아니었어."

화가 난 채로 몇 시간을 달려서인지 뱃속이 허전했다. 12시도 안 됐지만 시침이 가리키는 시간 따위 아웃백에선 아무런 힘이 없었다. 그가 라면을 끓이겠다고 나섰다. 그는 우리 집의 공식 면 요리 담당이다.

목소리 크고 거침없이 행동하는 내가 우리 둘 사이의 '갑'인 것처럼 보이지만, 어쩌면 나는 그의 손바닥 위에서 놀고 있는지도 몰랐다. 내가 아무리 잔소리꾼에, 날고 긴다 해도 그가 머리를 쓰다듬으며 "잘했다."고 해주지 않으면 기운이 빠졌다. 음흉하게도 그는 나를 꼼짝 못 하게 움켜쥐고 있지도 않았다. 도리어 손바닥을 활짝 펼치고 무엇이든 하고 싶은 대로 하라고 했다. 원한다면 언제든 벗어나도 좋다는 제스처까지 취해가며.

그러나 그건 내가 차마 그러지 못할 것이란 것을 잘 아는 그의 영악한 술수였다. 틈만 나면 오락밖에 할 줄 모르는 남자가 가끔 시키지도 않은 일을 해서 내가 그에게 사랑받고 있구나, 하는 생각이 들도록 조종하는 것이다. 그래 봤자 겨우 빨래를 널고, 욕실 바닥을 청소하고, 냉동실에 넣어둬야 하는 대파를 손질하거나, 달력의 다음 장을 넘겨놓는 것같이 사소한 일들이지만 그때마다 난 완전히 무장해제 되어 쪼르르 달려가 키스를 퍼붓지 않고는 못 견디는, 쉬운 여자가 되어 버렸다.

라면만 해도 그렇다. 그가 라면을 끓이겠다고 나서는 건 두 가지 경우다. 나에게 뭘 잘못했거나 미안하거나. 그 말이 그 말 같지만, 아무튼, 그는 본인이 수세에 몰렸다는 판단이 들 때마다 '라면' 카드를 꺼내 들었고, 기가 막히게 맛있는 그것을 후루룩거리는 동안 나는 무엇 때문에 화가 났는지, 억울했었는지를 새하얗게 잊어버렸다. 급기야 국물을 들이켜고 나면 아무 일도 없었다는 듯 헤헤거렸다. 퍼진 라면을 좋아하는 그가 내가 좋아하는 꼬들꼬들한 라면을 끓여내는 건, 그만의 사랑 표현 방식이라고 믿으며. 그러고 보면 나는 그에게 무척 잘 길든 것 같다.

도로를 살짝 벗어나자 우리가 쉬어갈 줄 알았다는 듯 크고 휑한 공터가 나타났다. 그가 가스레인지를 장착하는 동안 나는 유치원생 사촌 동생에게 빌려온 조그만 돗자리를 바닥에 깔고, 그 위에 김치 통을 통째로 올렸다. 완벽한 팀플레이. 화해하고 난 다음만 생각하면 싸우는 것도 나쁘지 않다.

후루룩, 아 맛있다!

오도독 오도독, 무김치 씹는 소리가 경쾌했다. 면발을 씹다가 문득 생각이 나면 고개를 들어 하늘을 바라보았다. 마침 독수리 한 쌍이 우리 머리 위를 천천히 맴돌고 있었다. 든든한 무사의 호위라도 받는 기분이었다. 시원한 바람이 불어왔다. 정말 짜릿하고 맛있고 행복한 순간이었다.

다음 날 말라(Malra)에 도착했다. 여기서부턴 사우스오스트레일리아의 애들레이드와 노던테리토리 다윈(Darwin)을 이어주는 스튜어트 고속도로(Stuart Highway)로 이동한다.

심한 비포장도로와 웅덩이를 지날 때는 왜 사서 이 고생인가 싶었다. 그래서 정갈한 아스팔트가 깔린 고속도로와 냉장고에 시원한 음료수가 가득한 세상으로 돌아오면 반가울 줄 알았다. 그런데 일정한 속도로 달리는 아스팔트 위의 자동차 행렬에 합류하려니 여간 밋밋한 게 아니었다. 온갖 동물들과 부시 인사를 나누던 아웃백 동지들을 떠올리면, 먼 땅에 두고 온 늙은 부모를 생각할 때처럼 마음이 아련해졌다. 맘껏 소리를 지르고, 노래를 부르고, 독수리의 엄호를 받으며 라면을 끓여 먹던 우리가, 수백 미터의 먼지 꼬리를 매달고 노을을 따라가며 질주하던 자유가 벌써 그리웠다.

이틀 밤의 아웃백 체험만으로도 이렇게 벅차오르는데, 앞으로 이 거대한 대륙은 얼마나 더 나를 놀라게 해 줄 것인가. 책으로 치면 이제 겨우 프롤로그를 읽었을 뿐인데 이렇게 기대해도 되나 싶었다.

"대단했지?"
"너무 감격하지는 마. 이제부터가 진짜 시작이니까."

아, 박력 있는 이 남자 너무 섹시하다.
음흉한 미소를 짓는 사이 우린 아웃백 오스트레일리아(Outback Australia)로 불리는 노던테리토리 령에 들어서고 있었다.

노던테리토리(Northern Territory)

원래 주인 이야기

인간의 편의에 따라 임의로 나눈 것이지만, 신기하게도 보더를 지나자마자 창밖 풍경이 눈에 띄게 달라졌다. 벌거벗은 땅과 제멋대로 솟은 바위들의 붉은 기운이 훨씬 선명해진 기분이었다. 휘웅~ 하는 굉음과 모래바람을 일으키며 로드 트레인(Road Train, 트레일러를 여러 개 연결한 대형 트레일러 트럭으로, 호주 전역에 화물이나 가축 등을 운반하는 주요 수단이다. 길이가 50미터가 넘는 것도 있다)이 지나갔다. 사우스오스트레일리아보다 무려 20킬로미터를 더 허용한, 최고 속력이 130킬로미터

에 이른다는 도로표지판도 야생적으로 느껴졌다.

레드 센터. 하긴 이렇게 강렬한 지명은 처음이었다. 야생의 땅, 아웃 백의 본고장. 준비운동은 끝났다. 그의 말대로 이제부터가 진짜 본게임 이었다.

하도 나라가 넓다 보니 주의 경계를 넘는 것도 특별한 경험이었다.

정부가 발행한 책자에는 "특정 질병이 다른 지역으로 확산하는 걸 막기 위해 각 주 경계마다 검역소를 세워두고 생과일이나 채소, 씨앗 같 은 것을 철저히 관리감독 하는 것"이라고 심각하게 쓰여 있건만 노던테 리토리의 보더는 "저게 뭐지?" 하는 사이 그냥 지나치기 쉬울 만큼 도로 변에 덩그러니 서 있었다. 그런데 무슨 재미난 일이라도 벌어졌나? 몇 안 되는 인파가 보더임을 알리는 표지판 주위로 모여들고 있었다. 저마다 한 손에 카메라를 들고서.

연예인인가? 현지 방송에는 별 관심이 없었지만, 호주 친구들은 꽤 흥미로워할 만한 자랑거리가 되겠다 싶었다. 운 좋게 할리우드에 진출한 배우일 수도 있었다. 요즘 대세는 단연 휴 잭맨 인데. 설마! 그럼 정말 대박이었다. 서서히 속도를 줄이고 군중 쪽으로 차를 몰았다. 떡 벌어진 어깨와 울퉁불퉁한 역삼각형의 몸을 기대하며 천천히. 그런데 에게, 저게 뭐야? 빡빡머리 군인들이잖아!

허탈하고 어이가 없어서 헛웃음만 나왔다. 더 놀라운 건 군인들을 둘러싸고 있는 일반인들의 표정이었다. 슈퍼 스타라도 만난 것처럼 하나같이 들뜬 얼굴이었다. 마른 흙빛의 군복을 입고 반질반질 빛이 나는 까만 선글라스를 낀 두 명의 군인들이 가운데 서 있었다. 아이들은 인내심 있게 제 순서를 기다렸다가 그들과 함께 사진을 찍었고, 부끄러워하는 딸을 위해 부모들이 동행하기도 했다. 사진을 찍고 악수를 한 뒤 돌아서는 아이들의 양 볼에 가득한 기쁨과 환희란! 군인들은 마치 자기가 유명 인사라도 된 양 대중들을 향해 천천히 손을 흔들며 응답했다. 공장과 농장에서 만난 동료 중 몇몇이 군인이 되고 싶다기에 (그들은 20대 후반이었다) 그럴 수도 있지 했는데. 그 어른들의 꿈의 실체가 허상이 아니었던 것이다.

인기 만점인 군인을 스튜어트 고속도로에서 만난 건 우연이 아니다. 이 도로는 호주의 유일한 기갑 부대가 주둔하고 있는 다윈으로 연결되기 때문이다. 지금은 우리 같은 관광객이나 소나 양을 싣고 달리는 로드 트레인이 주로 이용하지만, 2차 대전 때는 전쟁에 뛰어든 젊은이들을 부지런히 실어 날랐던, 호주 근대역사의 통로였다.

전쟁은 호주에 여러 영향을 미쳤다. 특히 1942년 싱가포르가 일본 군에 패한 직후 영국은 호주를 나 몰라라 해버렸는데, 영원한 모국, 마음의 고향으로부터 버림받은 호주는 자국의 안전은 스스로 확보해야 한다는 것, 그러기에는 인구가 너무 적다는 것을 깨달았다. 그래서 전쟁이 끝난 뒤 유럽 전역, 특히 그리스와 이탈리아 출신들을 적극적으로 받아들였다. 유색인종 이주민을 받아들인 건 1970년대에 들어서면서였다. 그것은 백호주의 정책을 폈던 것을 생각하면 상당히 파격적인 변화였는데, 그제야 비로소 호주는 지리적으로 유럽이 아니라 아시아에 속해 있다는 것을 인정했다.

점심을 먹기 위해 얼둔다(Erldunda)에 들렀다. 그가 잠깐 눈을 붙인 사이 지도책을 펼치고, 지금까지 거쳐 온 길을 형광펜으로 죽 그어 보았다. 며칠 간 쉬지 않고 운전해 왔건만, 양 손바닥이 호주 전체라면 그동안 달린 길은 고작 새끼손가락 하나 정도의 길이에 불과했다. 앞으로 남은 거리와 시간을 좀처럼 가늠할 수가 없었다.

대도시를 제외하면 어디든 마찬가지지만 특히 레드 센터 일대를 여행하기 위해서는 상당한 결심과 인내가 필요하다. 비행기로 가든, 기차나 자동차로 가든, 호주 내륙의 한가운데에 도달하려면 여전히 많은 시간과 돈이 들기 때문이다. 애들레이드에서 1,537킬로미터, 반대쪽 끝인 다윈에서는 1,489킬로미터. 앨리스에서 가장 가까운 두 도시만 해도 이렇다.

그래도 영원히 닿을 수 없을 것처럼 아득하던 곳이 반경 200킬로미터 안에 있었다. 과연 우리가 쏟은 정성에 합당한 보상을 받을 수 있을까. 고생해서 기른 자식일수록 바라는 게 많아지는 것처럼, 난 서서히 기대감을 높여가는 중이었다.

앨리스스프링스에서 눈에 띄는 건 단연 '원주민'이었다.

지금껏 어느 도시나 마을에서도 이렇게 많은 원주민이 도로와 공원, 도서관에 앉아 있는 걸 본 적이 없었다. 시내 중심가인 토드몰을 기점으로 원주민 공예품을 파는 상점이나 갤러리가 한 집 걸러 있었고, 공원 의자나 하다못해 쓰레기통에도 원주민 예술의 상징인 점과 꼬불꼬불한 뱀 문양이 새겨져 있었다. 대부분은 하릴없이 무리 지어 다니거나 나무 그늘에 멍하니 앉아 시간을 보냈고, 일부는 잔디밭에 가방과 장신구 같은 것들을 펼쳐놓고 관광객들을 유인했다. 확실히 이들은 노던테리토리, 레드 센터의 아이콘이었다.

호주 백인들과 대화를 나누다 보면 자신들의 조상격인 영국출신의 죄수들보다, 원주민에 대해 말하는 것을 더 꺼린다는 느낌을 받곤 했다. 단호한 어조로 북한이 세계평화를 망치는 주범이라고 확신하던 이들도 이 부분에서만큼은 "매우 어려운 문제지. 다만 우린 노력하고 있다."며 발을 뺐다.

그들 말대로 이들이 원주민과 가까워지기 위한 노력을 안 한 것은 아니었다. 아니, 새로운 땅을 탐험하기 위해서는 그들의 도움이 절대적으로 필요했다. 문제는 둘의 관계를 풀어내는 방식이었다. 백인들은 수렵과 채집을 기반으로 하는 원주민들의 삶의 방식과 자연과의 정신적인 유대 같은 것들을 이해할 수 없었다. 따라서 그들을 백인사회로, 현대 문명으로 편입시키는 것만이 최선이라고 생각했다. 그 과정에서 무수히 많은 원주민이 죽었고 공동체가 파괴되었는데, 그중 가장 충격적인 일은 1918년부터 약 50여 년 동안 원주민 아이들을 부모로부터 강제 격리한 '도둑맞은 세대' 사건이었다.

이 모든 일이 (원주민사회와는 차원이 다른) 인간답고 가치 있는 삶을 살 수 있도록 해주기 위함이라는 명분으로 진행됐다. 아이들에게는 부모가 죽었다거나 부모가 원치 않는다는 거짓말을 했고, 가족과의 접촉도 일절 금지했다. 그러나 '가치 있는 삶'을 위한 것이라던 정부의 말은 포장에 불과했다. 아이 대부분은 먹을 것도 부족한 열악한 환경에서 지냈으며, 알코올 중독에 빠지거나 자살로 생을 마감했다. 당시 부모에게서 떨어진 아이들의 대부분은 다섯 살 이하였다.

안타까운 건 이런 비상식적인 일이 대다수 호주시민의 지지 속에 자행됐다는 점이다.

내가 만난 호주인들 중 가장 지적이라고 할 수 있는 데니스. 그는 은퇴한 뒤 외국인들의 호주 정착을 돕는 봉사활동을 하며, 커다란 지프와 그에 어울리는 웅장한 캠핑 트레일러를 달고 아웃백을 여행하는 부류였다. 그런 그 역시 "(정부는) 그것이 옳은 일이라고 생각했다."며 우회적으로 두둔했다. 지금껏 쌓아온 우정을 해치고 싶지 않아 "부모와 자식을 떼어 놓을 권리는 그 누구에게도 없다."고 말하고 싶은 것을 간신히 참았지만, 그의 반응은 사건 자체만큼이나 무척 충격이었다.

이렇다 보니 원주민들은 호주 사회에서 거의 드러나지 않는다. 대부분이 아웃백이나 노던테리토리 같이 현지인들도 잘 가지 않는 오지에 거주하다 보니, 호주에서 몇 달을 머물거나 심지어 호주에 살고 있다 하더라도 수만 년 전부터 이 땅에 거주해온 이들이 있다는 사실을 지나치기 쉽다.

여행자들도 마찬가지다. 시드니의 아름다운 풍경에 푹 빠진 이들에게 호주 원주민들이야말로 지구 상에서 가장 오래된 문화를 보존해온 이들이며, 그들의 역사가 지구의 시초까지 거슬러 올라간다는 사실은 그다지 중요하지 않다. 써큘러 키에서 디저리두(didgeridoo, 긴 피리처럼 생긴 원주민 전통 목관악기. 흰개미들이 파먹은 빈 통나무로 만들며 하늘, 땅, 별을 노래하기 위해 창조되었다는 신화적 의미가 있다)를 연주하는 이들을 신기하게 혹은 경계의 눈으로 바라보며 우리와 다르게 생긴 이들이 있다는 것만 확인하고 넘어갈 뿐이다. 우리 역시 호주 일주를 하지 않았더라면, 아웃백을 경험하지 않았더라면 비슷했을 것이다.

그렇다면 이 땅의 원래 주인인 원주민들은 모두 어디로 사라져버린 것일까?

영국의 죄수들이 들어오기 전까지 오랜 세월 고립된 채 살아온 원주민들은 외부 세력에 전혀 대비하지 못했다. 그들은 천연두, 수두 같은 질병에 취약했고, 유럽인들은 땅을 빼앗고 약탈하는 과정에서 공공연하게 원주민 학살을 자행했다. 그 결과 18세기에 약 30만 명이었던 인구가 현재는 4만 명밖에 남지 않았다. 대부분 원주민이 근거지로 삼고 있는 노던테리토리의 상황도 비슷했다. 20세기 초까지만 해도 원주민의 상당수가 정부가 지정한 보호 구역이나 기독교 구제 시설에 감금되었으며, 일부는 목동이나 하인 등 보수가 낮은 일을 하며 도시 변두리에 살았다.

다행히 1976년 '노던주 원주민 토지 소유권 법안'이 통과되면서 원주민들의 권리를 되찾기 위한 노력의 물꼬가 트였다. 단서조항이 있긴 하지만 노던주의 보호 구역과 구제 시설 토지가 원주민들에게 양도되었고,

토지 반환 청구가 허용되었다. 일부 원주민은 그들 토지 내에서 벌어지는 정부 사업에 적극적으로 참여하기도 했다.

그러나 슬프게도 나 역시 이 문제에 대해서만큼은 데니스나 다른 호주 백인들과 다를 바가 없는 인간임이 증명되고 말았다. 앨리스에서 핑크 협곡 국립공원(Finke Gorge National Park)으로 가는 도중에 일어난 일이었다.

앨리스스프링스의 비지터 센터 직원은 핑크 협곡으로 가는 계획을 말렸다. 얼마 전에 내린 큰비 때문에 협곡으로 가는 도로가 (아마) 폐쇄되었을 거라는 것이다. 그러나 그날 밤 야영 장소로 협곡 내 무료 야영장을 점찍어 두었던 나로서는 모호한 말만 듣고 포기할 수 없었다. 되돌아올지언정 일단 가보기로 했다.

앨리스 타운을 벗어나자 예의 한가롭고 적막한 도로가 등장했다. 부지런히 잠잘 곳을 찾아가는 캠핑카들만 간간이 눈에 띄었다. 우드나다타를 회상하며 한창 아웃백 분위기에 젖어있던 우리는, 둘 다 동시에 얼어붙고 말았다. 원주민 수십 명이 도로를 점령하고 있었던 것이다.

그들이 뭉쳐 있든 말든, 가던 길을 가면 그만일 텐데. 하필 우리가 건너야 할 다리의 한쪽이 완전히 무너져서 차 한 대가 지나갈 수 있을 만큼의 공간밖에 없었다. 우리가 머뭇거리는 사이 맞은편에서 오던 차가 다리에 먼저 올라섰다. 그 차가 건너올 때까지 우린 꼼짝 없이 이 무리에 둘러싸여 있게 되었다.

그런데 왜 이렇게 침이 바싹바싹 마르지? 알 수 없는 불안감은 또 뭐고?

한낮에도 차를 부수고 물건을 도둑질해가는 사람들, 아무렇지 않게 살인을 저지르는 짐승 같은 원주민들. 언제 어디서 누구에게 들었는지 알 수 없는 내용이 잔뜩 엉켜 머릿속을 어지럽히고 있었다. 주변에 다른 여행자가 한 명이라도 있었다면 이렇게 죽을 것 같이 긴장되지는 않을 텐데. 축 처진 볼살에 우락부락하고 거무튀튀한 얼굴들이 우리 쪽을 향해 힐끔거리는 것이 느껴졌다. 저들이 한꺼번에 덤벼온다면 별다른 저항도 못 하고 만신창이가 될 거였다. 그들이 손에 쥐고 있는 나무 막대기는 살인 무기로 충분해 보였다. 이럴 땐 최대한 없어 보이는 게 좋은데. 평소엔 거지꼴인 하니가 오늘따라 눈치도 없이 번쩍거렸다.

드디어 말을 탄 폭주족이 전면에 나섰다. 그들 중 한 명이 따그닥 따그닥 우리 쪽으로 말을 몰았다.

탄탄해 보이는 갈색 말은 길고 검은 갈기를 치렁치렁 내려뜨리고 있었다. 한 발짝 한 발짝 움직일 때마다 묵직한 먼지가 따라 일었는데, 그 모습이 꼭 <반지의 제왕>에 나오는 붉은 눈의 좀비 말 같았다. 저 무리는 나즈굴, 나는 그들에게 쫓기는 프로도. 드디어 대장 나즈굴이 하니 앞에 멈춰 서자 좀비 말이 차창에 콧김을 그려 넣었다.

이제 나즈굴이 허리춤에 차고 있던 모르굴의 칼을 뽑아들고 나를 공격할 차례군. 나는 반드시 지켜내야 하는 절대반지처럼 차 문고리를 단단히 붙잡아 보겠지만, 나즈굴에게만은 절대반지의 효력도 안 통하니까. 결국 모르굴의 칼은 유리창을 뚫고 들어와 내 심장을 찌를 테고, 난 칼에 묻은 독에 중독되어 끝내 죽고야 말… 어라?

남편이 내 팔꿈치를 툭 쳤다. 창문 너머의 나즈굴, 아니 젊은 원주민이 양손 엄지와 검지로 네모난 모양을 만들더니 내 가슴팍을 가리키고 있었다. 내 목에 걸린 건 니콘 카메라. 이를 지켜보던 다른 말 탄 청년들이 그에게 웃음 섞인 야유를 보냈다. 마치 좋아하는 여자아이에게 러브 레터를 건네주는 친구를 놀려대는 사춘기 소년들 같았다.

아, 자기를 찍으라고? 그제야 그들의 모습이 제대로 보였다. 어른들은 한쪽에서 모닥불을 피우며 무언가를 구워 먹을 준비를 했고, 아이들은 무너진 다리를 놀이터 삼아 뛰어놀고 있었다. 막대기는 나를 패대기칠 살인 도구가 아니라 불쏘시개였다. 그리고 말을 탄 청년은 자신의(원주민의) 매력을 이방인에게 맘껏 발산하고 싶었던 것이다.

아, 나란 인간은 정말!

'문명인'의 탈을 쓰고 '원주민'을 대면한 나의 실체가 까발려지는 순간이었다. 해코지한 적도, 그럴 생각도 없는 이들을 무작정 오해한 것이 부끄러웠다. 그들이 지펴놓은 모닥불이 내 얼굴에 옮겨붙은 것처럼 화끈거렸다. 무릎이라도 꿇고 사죄하고 싶은 심정이었다. 어쩌면 그들은 같이 고기를 구워 먹자고, 말을 한 번 타볼 테냐고, 호주가 마음에 드느냐고 물어보고 싶었는지도 모르는데. 그 사이 맞은편에서 오던 차가 완전히 다리를 건너왔다.

이방인이 가진 원주민에 대한 이미지는 현재 이 대륙을 장악하고 있는 백인들이 만들어낸 것들이다. 우드나다타 트랙의 시작점인 마리에서 이들을 처음 보았을 때 멈칫했던 것도 그들이 해준 무시무시한 이야기들 때문이었다.

한낮에도 차를 부수고 물건을 도둑질해가는 사람들, 아무렇지 않게 살인을 저지르는 사람들, 자식에 대한 책임감이라고는 눈곱만큼도 없는 사람들, 정부가 준 보조금으로 그늘에 모여 앉아 술이나 마시고 시간이

나 때우는 암적인 존재, 도저히 문명화될 수 없는 사람들.

우리가 사실이라고 믿고 사는 것 중 과연 조작되고 과장되지 않은 것이 얼마나 될까. 아니 스스로를 문명인이라 부르는 우리가 그렇지 못한 이들보다 더 행복하다고 누가 장담할 수 있을까.

다음번에 이들을 만난다면 친구가 될 수 있을 것 같았는데 아쉽게도 그 날의 잘못을 만회할 만한 기회는 두 번 다시 오지 않았다. 여행이 끝날 때까지 나는 그것이 무척 아쉬웠다.

아웃백 도로를 점령하는 대형차량들
위_ 광업용 대형트럭, 아래_ 로드 트레인

앨리스스프링스(Alice Springs)

윤활유의 힘

길을 떠난 뒤 처음으로 '숙소'에 머물렀다. 어디서 자야 할지 헤매지 않아도 되고, 뜨거운 물로 맘껏 샤워할 수 있으며, 트렁크에서 앞좌석으로 짐을 나를 필요가 없는 쉽고 편안한 저녁. 집에서 일상적으로, 기계적으로 반복했던 일들이 험난한 여행 중에 벌어지자 새삼 감동적이었다.

숙소에서 머물 때 가장 좋은 점은 역시 제대로 된 음식을 해먹을 수 있다는 것이다. 먼지 묻은 옷가지를 몽땅 세탁기에 집어넣은 다음 우리는 타운에서 가장 큰 슈퍼로 갔다. 겨우 하룻저녁과 다음 날 점심 도시

락을 위한 쇼핑이지만 그 어느 때보다 심사숙고하고 집중해야 하는 시간이었다. 이게 얼마 만에 보는 '시원한' 음료수들이던가. 맨날 김치찌개에 비빔밥, 라면, 미지근한 물만 먹다가 무심하게 듬뿍 쌓여 있는 과일과 과자, 음료수를 보니 정신이 혼미해졌다.

　밤에는 그 간의 지출내용을 정산했다. 일주일 동안 쓴 경비를 계산해 보니 하루 평균 130달러를 썼다. 사치를 부렸다면 엽서 몇 장과 낮에 앨리스 타운에서 맥도널드에 들렀던 정도. 결국 전부 기름값이다. 예정대로 삼일에 한 번 숙소에서 자고, 추후 차량 정비에 들어갈 비용에다 갖가지 투어비용까지 고려한다면 앞으로 지출은 이보다 몇 배는 더 늘어나겠지. 그래도 호주 여행 경비가 부족할 일은 없다. 정 안되면 중간에 하니를 팔던가, 아니면 한국계좌에 송금해 놓은 비상금을 끌어다 쓰면 되니까.

그런데 이건 그야말로 머리로만 가능한 생각이었다. 막상 버는 것 없이 쓰기만 하니까 조바심이 났다. 숙소를 선택할 때도, 장을 볼 때도 늘 제일 싼 것을 골랐고, 오늘같이 맥도널드에서 햄버거를 먹을 때는 일회용 냅킨이라도 잔뜩 집어 와야 마음이 놓였다.

이렇게 마음이 가난한 여행자에게 사우스오스트레일리아와 레드센터를 잇는 아웃백은 최고의 캠핑 구간이었다. 오지 중의 오지니까 당연히 물가도 가장 비싸겠거니 했는데, 우드나다타 트랙만 제외하면 도리어 웨스턴오스트레일리아나 태즈매니아보다도 저렴했다. 사람들은 먼 길을 달려와 준 이방인들을 친절하게 맞아주었고, 곳곳에 있던 무료 야영장과 저렴한 샤워시설은 그들의 배려이자 선물이었다. 호주 여행 전체를 통틀어 운전자들끼리 나누는 맛깔 나는 부시 인사가 가장 자연스러웠던 곳도 여기였다.

오지, 아웃백, 원주민.

그러고 보면 나는 처음부터 마음에 들었던 것 같다. 불안한 마음으로 우드나다타 트랙의 비포장 길에 들어섰을 때부터.

그 날 저녁 나는 정성을 다해 밥을 지었다. 하루 세끼를 차 트렁크에서 해먹는 일은 생각보다 힘든 노동이라서 숙소에 가면 그에게 라면이나 끓여 달랄 심산이었다. 그런데 정갈하게 정리된 주방을 보는 순간 제대로 밥을 하고 싶은 마음이 들었다. 호주 사막의 한가운데 있는 저렴한 숙소의 주방에 밥솥이 있다는 것이 무척 고마웠다. 기껏해야 쌀을 씻어 밥을 안치고, 채소를 볶고, 된장찌개를 끓이는 일이었지만 나는 그에게 처음으로 밥을 차려주던 날처럼 하나하나 심혈을 기울였다.

하니가 알 수 없는 소음을 내기 시작한 건 다음 날 아침이었다.

그전까진 모든 것이 완벽했다. 한 정비사는 우드나다타를 지나는 동안 너덜너덜해진 트렁크의 고무패킹을 '무료'로 손봐주었고 몇 년 묵은 국제학생증으로 숙박료도 아꼈다. 공동주방에서 같이 저녁을 준비한 덕분에 홍콩출신의 한 학생에게서 두툼한 닭 다리가 얹어진 죽까지 얻어먹었다. 모든 게 척척 맞아떨어지는 앨리스스프링스는 참 멋진 곳이구나, 하고 여행 노트에 기록하려던 찰라 여행이 여기서 끝날 수도 있다는 공포에 사로잡혀 버리고 말았으니 타이밍 한 번 절묘했다.

증상은 앞바퀴에 힘이 들어갈 때 나타났다. 건널목 앞에서 브레이크를 밟거나, 좌회전 우회전 핸들을 꺾을 때, 낡은 침대 위를 방방 구르는 것 같은 쇳소리가 났다. 과속방지턱을 지날 때는 길가에 있는 사람들이 무슨 소란인가 하고 다 쳐다볼 정도였다. 숙소에서 가장 가까운 정비소에 갔다. 주차하는 와중에도 끼이~익~~, 증상은 더욱 심각해져 있었다.

멋쩍은 얼굴로 들어서는 우리를 인도 출신으로 보이는 사장이 반갑게 맞아주었다. 새 땅에서의 새 삶을 꿈꾸며 호주의 부족직업군 중 하나인 정비 분야로 이민 온 행렬 중 하나이리라.

"Good Morning! 무엇을 도와드릴 깝쇼?"

"바퀴 쪽에서 이상한 소음이 들려. 바로 봐 줄 수 있겠어?"

"No worries! 물론이지!"

화끈한 인도아저씨, 맘에 든다. 어디가 문제인지, 고치는 데 얼마나 걸릴지 들어본 뒤 카페에 가서 커피 한잔 하고 오면 되겠지? 나는 지갑이 든 가방만 챙겨 들고 주차장 안쪽의 사무실로 들어갔다. 육중한 기계에 사지가 붙들린 하니가 하늘로 들어 올려졌다. 그런데 한 정비사가 난데없이 화를 내기 시작했다.

"이렇게 흙먼지랑 모래가 가득한 차를 어떻게 점검하라는 거야?"

백인과 혼혈인 하프 원주민으로 보이는 정비사의 카리스마가 부리부리하고 툭 불거진 눈두덩만큼이나 대단했다. 한눈에도 그가 이 정비소의 실세임을 알 수 있었다. 사장에게 말하는 표정을 보아하니 "오늘 중으로 끝내야 할 일이 산더미인데 블라블라, 거기다 이렇게 더러운 차까지 보라는 거냐 블라블라, 절대 안 된다."고 하는 것 같았다. 어떻게든 더 손님을 확보하려던 사장의 시도는 처참히 무너졌고, 결국, 그는 미안하다는 얼굴로 우리를 친절히(?) 내쫓고 말았다.

이 사람들이 정말 더러운 차를 못 봤군. 바퀴에 진흙 좀 붙어 있다고 이렇게 홀대해도 되는 거야? 정비소가 여기밖에 없는 줄 아나? 이거 왜 이래!

태연하게 문을 나섰지만, 마음은 잔뜩 상해있었다. 정비소를 나와 우회전하려는데 하니는 눈치 없이 돼지 멱따는 소리로 끼이~익~~! 기왕 이렇게 된 거 깨끗하게 목욕이나 시키자 마음먹었다. 근처 세차장은 하니와 비슷한 신세의 사륜들로 가득했다. 다들 그 정비사에게 혼나고 쫓겨난 사람들인가? 우린 그새 또 키득거리며 신 나게 물을 뿌리고 마른 걸레질을 했다. 뜨거운 태양이 정수리와 어깨에 사정없이 내리꽂혔다.

어느덧 정오가 지났다. 나는 화로의 숯불처럼 한껏 달아올라 있었다. 레드센터의 강렬한 햇빛과 지열 탓이었지만 하니의 괴상한 소음이 생각만치 잘 안 풀렸기 때문이기도 했다. 세차를 한 뒤 지도에 표시된 정비소란 정비소는 빠짐없이 가 보았지만 다 같이 짜기라도 한 듯 '바빠서' 봐줄 수 없다는 말만 했다. 이 도시를 거쳐 가는 아웃백 여행자들이 반드시 해야 하는 일 중 하나가 바로 차를 점검하는 일일 거였다. 어디서 왔든, 어디로 가든, 앞으로 1,500킬로미터 이내에 이만한 타운은 없으니까.

나 같으면 밤을 새워서라도 고객님을 만족하게 하고 월급통장을 살찌울 텐데. 무조건 정해진 시간만 일하고 그 이후까지 작업이 길어지거나 일요일, 공휴일 같은 날에 일할 때는 따불에 따따불 까지 받는, 그야말로 상식적인 나라에 사는 운 좋은 정비공들은 3일에서 일주일 정도 뒤에야 점검('수리'가 아니라 '점검'이다)할 시간이 난다며 아예 거들떠보지도 않았다. 연식이 오래된 데다 호주에서도 흔치 않은 포드 익스플로러라니 더 난감해했는데, 어이없게도 포드샵조차 마찬가지 반응이었다.

설사 3일에서 일주일 뒤에 점검해서 문제의 원인을 밝혀낸다 하더라도 부품을 구하려면 또 며칠이 걸린다고 할 테고. 그건 아예 앨리스스프링스에서 일주일이고 열흘이고 눌러앉을 각오를 하란 소리였다. 느려터진 호주, 측은지심이라고는 쥐똥만큼도 없는 냉혈한들!

나는 결정을 내려야 했다. 앨리스에 머물면서 문제를 해결하고 가거나, 아니면 무시하고 그냥 갈 길을 가거나. 문제는 늘 돈이었다. 앨리스에서 머무는 날이 늘어날수록 하루당 얼마의 돈이 추가로 드는지, 그것이 전체 여행에 미치는 영향이 얼마나 될지 계산하느라 머릿속이 터져버릴 지경이었다. 만에 하나 심각한 문제에 봉착한 거라면, 그래서 다시 한 번 거금을 들여 수리해야 한다면, 정말 여기서 여행을 그만둬야 할지도 몰랐다.

호주 일주를 한다고 소문은 다 내났는데 몇 발자국도 못 가서 나가 떨어진다면 그 꼴이 얼마나 우스울까. 역시 처음부터 차에 큰 투자를 하는 게 아니었는데. 지금이라도 팔아버리는 게 현명한 일일까? 하니, 결국 네가 내 발목을 잡는구나. 갑자기 심한 현기증이 몰려왔다.

"그냥 전화로 물어볼래."

더는 움직일 힘도, 거절당할 기운도 없었다. 거만한 정비공들을 상대로 구걸하는 일에 자존심은 이미 다 구겨진 상태였다. 일은 안 풀리고, 덥기는 또 왜 그렇게 덥고, 거기다 옆에 있는 남자는 운전석에 가만히 앉아서 오로지 내 입만 바라보고 있고. 그렇게 영어 공부 좀 해 두라니까, 시간만 났다 하면 컴퓨터 게임만 하더니 정작 문제가 생기자 얌체같이 내 뒤로 숨어버리는 것이다. 정말 폭발하기 일보 직전이었다.

따르릉, 신호가 갔다. 여기서도 다른 곳과 같은 대답이면 원래 계획대로 울루루에 들렀다가 애들레이드로 내려가자. 거기서 정비를 받고 여행을 계속하든지 접든지 결정하겠다. 난 결론을 내렸다.

헬로우. 똑같은 말을 하도 여러 번 반복했더니 이 문제에 대해서만큼은 정확한 문법으로 설명할 정도였다. 한참 설명을 듣고 난 교환원이 정비공과 직접 통화해보란다. 젠장, 그럼 진작 그럴 것이지. 괜히 입만 아프게 나불나불했잖아. 그래도 교환원까지 있는 걸 보니 제법 규모가 큰 모양이었다. 마지막 정비소라 홀가분할 줄 알았는데 그래도 일말의 희망을 품고 있었나, 마른 침이 꼴깍 넘어갔다.

"문제가 뭐지?"

"차에서 소리가 나. 핸들을 꺾을 때나 방지턱 같은 언덕을 지날 때.

바퀴 쪽인 거 같은데 정확한 이유는 잘 모르겠어."

"차종은?"

"포드 익스플로러 1998. (여기서도 안 된다면 우린 끝이다. 단도직입적으로 가자!) 오늘 고칠 수 있겠어?"

"오늘은 힘들고, 내일 오후에 시간이 좀 날 거 같은데. 예약할 거야?"

"그래? 생각해보고 연락할게."

생각해 본다는 건, 물론 거짓말이었다. 3일에서 일주일이 아니라 '내일'이라니. 전화를 끊자마자 내비에 주소를 찍고 냅다 차를 몰았다. 도착해보니 타운 외곽에 있는, 고속도로에 가까운 정비소였다. 이렇게 큰 정비소를 온 시내를 빙빙 도는 동안 어떻게 놓쳤었나 싶었다.

"조금 전에 전화한 사람인데 나랑 통화했던 정비공을 좀 불러줘. 포드 익스플로러 1998이라면 알 거야."

리셉션에 앉아 있는 여직원에게 마치 만날 약속이라도 하고 온 것처럼 호기를 부렸지만, 그가 우리를 만나 줄지, 아니 그가 지금 여기 있는지조차 알 수 없었다. 심장이 바깥으로 튀어나올 듯 쿵쿵거렸다. 그리고 한 남자가 우리 쪽으로 걸어왔다. 대기실 의자에서 엉덩이를 뗐다. 다행히 우리를 더럽다고 쫓아낸 정비공보다 인상이 훨씬 부드러웠다.

자, 심호흡 한 번 하고. 기왕 여기까지 온 거 그냥 가보는 거야. 아니면 미련 없이 이곳을 떠나면 돼.

"아까 나랑 통화했었지? 포드 익스플로러. 내일 시간이 된다고 한 건 잘 알아들었지만 우리가 좀 급해서. 그저 '간단히' 봐주기만 하면 안 될까? 플리~~즈"

된다, 안 된다는 말도 없이 바로 차에 올라타 액셀을 밟으며 핸들을 이리저리 꺾어보던 그가 입을 열었다. 사형선고일까? 무죄 석방 선고일까? 제발 여기가 여행의 끝이 아니라고만 해줘!

"부품을 주문해야 해. 그런데 알다시피 여긴 앨리스스프링스잖아. 애들레이드에 주문해서 비행기로 받는다고 해도 며칠은 걸리지."

역시 안 된다는 말이군. 그래 당장 떠나버리고 말겠다! 피도 눈물도 없는 이 망할 놈의 동네!

"언젠가는 부품을 교체해야겠지만, 그렇다고 당장 운전할 수 없을 만큼 심각한 문제는 아니야. 다음번 목적지에서 고쳐도 충분해. 소음이 너무 거슬리면 수시로 윤활유를 뿌려줘. 돌, 물 같은 것들이 윤활유를 씻어내면서 소음이 나는 거거든. 아웃백 여행 중인가 보지? Enjoy!"

그리고는 제 할 일이 끝났다는 듯 안쪽으로 사라졌다. 멀어지는 그의 뒷모습에서 나는 정말로 후광을 보았다. 그는 하니를, 아니 우리를 살린 구세주였다. 그러니까 한마디로 '기름칠' 좀 해주면 된다는 거지? 그가 말한 내용을 재차 확인하고 반복하고 나서야, 쌍심지서던 눈 근육이 차르르 풀리는 걸 느꼈다. 내 이마에 시원한 바람이 머물고 있었다는 것도.

앨리스를 떠나기 전 안작 힐(Anzac Hill)에 올랐다.

사막의 오아시스, 아웃백 여행의 목적지 혹은 쉼터. 자를 대고 그은 듯 반듯반듯한 격자판의 거리를 병풍처럼 지키고 서 있는 맥도넬 산맥은 언제 봐도 듬직했다. 가로수 사이로 그 유명한 열차 '간'이 번쩍거리며 정차해 있었다. 그 풍경을 내려다보며 난 여기 좀 더 머물고 싶다는 생각을 했다. 그래서 기뻤다. 그것은 앨리스에 대한 좋은 추억이 많다는 뜻이니까.

잠깐만 봐주면 될 걸 무조건 일주일 뒤에 오라고 해서 절망에 빠뜨렸던 정비사들이었지만, 돌이켜보면 그들도 참 친절했다. 평생 한 번도 안 열어본 것 같이 두껍게 먼지가 쌓인 전화번호부를 뒤져서 다른 정비소의 연락처를 찾아주었고, 지도에 색깔별로 포스트잇을 붙여주며 위치를 알려주기도 했다.

윤활유를 구매했던 상점의 계산대에서 일하던 할아버지는 어떻고. 숟가락을 들 힘도 없을 것 같은 노인이 덜덜 떨리는 손으로 내 카드를 움켜쥔 뒤, 한참 만에 리더기에 밀어 넣는 걸 성공했을 때는 정말이지 "참 잘했어요." 손뼉이라도 쳐주고 싶었다. 대개 유쾌하고 정이 많은 사람들이었는데 자동차 때문에, 여행이 여기서 끝날지도 모른다는 조바심 때문에 이 모든 걸 놓칠 뻔했다. 이번 여행을 반드시 완수해야 하는 과업으로만 여긴 탓이었다.

사실 내가 원하는 건 대단한 게 아니었다. 매 순간 즐기며 감동하는 것. 그래서 무사히 집에 돌아가 사랑하는 이들 품에 안기는 것. 설사 목표를 다 채우지 못한다 해도 그들은 내가 무사히 돌아온 것만으로도 기뻐하며 힘껏 안아줄 거였다. 여행은 정복해야 할 어떤 것도 아닌, 끝도 시작도 없는 삶 일부분일 뿐이었다. 그러니 설사 못다 한 부분이 생기더라도 다음으로 미루면 그만이었다.

팽팽한 고무줄처럼 잔뜩 긴장해 있던 내가 이런 생각을 다 하다니. 윤활유 덕을 본 것은 하니만이 아니었다. 내 마음의 소음도 한결 줄어들었다. 이제야 여행이 좀 즐거워질 것 같았다.

울루루·카타 튜타 국립공원(Uluru·Kata Tjuta National Park)

영원함에 대하여

호주 일주를 준비하면서 나를 가장 설레게 한 곳은 바로 여기, 울루루였다. 생물이 살기 힘든 혹독한 사막, 지구의 태곳적 신비를 만날 수 있는 곳, 호주 원주민의 정신적 뿌리. 호주에는 아름답고 매력적인 여행지가 가득하지만 나는 처음부터 세상에서 가장 큰 바위 덩어리에 마음을 쏟았다.

　호주 아웃백의 정점이나 다름없는 곳이지만, 사실 워홀러 중에는 오페라 하우스는 알아도 울루루는 모르는 이들이 많았다. 호주인들 중에서도 가봤다는 이들이 별로 없었다. 내가 자부심을 품게 된 건 이 대목이었다. 울루루를 호주 일주 제1의 목적지로 삼은 나야말로 이 땅에 대해 깊이 이해하고 있다는 일종의 우월감.

나는 틈만 나면 온갖 웹 사이트를 뒤지며 울루루를 탐구했다. 하도 많이 봐서 직접 본 것처럼 설명할 수 있을 정도였다. 때에 따라서는 상당히 위험한 발상이기도 한데, 사람이든 물건이든, 나는 한 번 좋아하기로 마음을 먹었으면 웬만하면 그 마음을 유지하는 것을 의리로 여겼다.

그런데 그렇게 염원해온 바위와의 만남이 가까워질수록 나는 안절부절못하고 있었다. 현실이 상상보다 못하면 어쩌나, 그래서 지금껏 내가 쏟아 부은 열정이 후회스러우면 어쩌나. '세상에서 가장'이라는 닳아빠진 문구에 혹했던 것은 아닐까? 어쩌면 과감하게 이곳을 지나치는 게 더 그럴듯한 추억이 될지도 모른다는 엉뚱한 생각마저 들었다.

제일 두려운 건 "직접 보니 별것 없더라."면서, 어느 것에도 감동할 줄 모르는 밋밋한 여행자가 되는 거였다. 그러나 불행히도 나는 이미 해질 무렵 노을에 반사된 빛이 어떻게 울루루를 변화시키는지, 오늘처럼 구름이 많은 날엔 그 장관을 못 볼 가능성이 크다는 것까지도 알고 있었다.

1인당 25달러의 입장료를 내고 국립공원에 들어섰다. 말끔한 아스팔트나 공원 입구의 차단기가 아웃백과 상당히 이질적으로 느껴졌다.

"일몰 때가 가장 아름답다니까 역시 그때 오는 게 좋겠어."

입구를 벗어난 지 얼마 되지 않아 우뚝 솟은 울루루가 시야에 들어왔지만, 황급히 시선을 돌렸다. 아직 그를 마주할 용기가 나지 않았다. 좀 더 마음의 준비를 할 시간이 필요했다. 그가 핸들을 꺾어 카타 튜타

쪽으로 차를 몰았다.

울루루가 한 개의 웅장한 바위 덩어리라면 카타 튜타는 서른여섯 개의 붉은 암석과 작은 돔, 능선이 60개 이상 모여 있는 거대한 바위 집합체다. 원주민 말로 '수많은 머리'란 뜻이며 울루루에서 30여 킬로미터 정도 떨어져 있다. 국립공원의 명칭에 엄연히 두 개의 이름이 나란히 들어가 있고, 가장 높은 바위인 올가 산은 울루루 보다 200미터나 더 높지만 카타 튜타는 전혀 주목을 못 받고 있었다. 심지어 이 공원에 울루루 말고 또 다른 볼거리가 있다는 것조차 모르는 이들도 있을 정도다.

멀리서 봤을 때는 사이좋게 궁둥이를 맞대고 누워 있는 새끼 돼지들 같아서 야트막한 언덕 정도이겠지 했는데, 완전히 잘못 짚었다. 한쪽 면을 풀 샷으로 담으려고 한 발 두 발 뒷걸음질을 치다 마침내 포기해버렸을 만큼 엄청난 크기의 바위 군락이었다. 넓은 하늘과 땅바닥에 납작하게 깔린 부시들 때문인지 크기에 대한 감각이 소멸한 기분이었다. 제법 익숙해졌다고 생각했는데 이 땅의 '거대함'에 의연해지려면 더 시간이 필요할 것 같았다.

카타 튜타의 매력은 역시 엄지손가락 끝처럼 둥근 실루엣이었다. 살이 두툼한 여인의 둔부같이 부드러운 굴곡을 따라 걷자, 역시 둥그런 돔들이 하나둘 모습을 드러냈다. 저기까지만 가면 끝이겠구나 하고 걷다 보면 또 다른 바위산에 둘러싸여 있게 되는 곳. 마치 크기가 작은 인형들이 끊임없이 나오는 러시아 목각인형 마트료시카 같았다. 이렇게 독특한 호주 자연은 인간의 상상력에 영감을 주기도 하는데 카타 튜타의 '바람의 계곡(Valley of the Winds)'은 미야자키 하야오 감독의 <바람의 계

곡 나우시카>의 배경으로 유명하다.

갑자기 진한 회색 구름이 몰려들더니 가벼운 소나기를 퍼부었다.

실시간으로 날씨를 확인할 수 있는 세상에서 갑작스러운 비를 만날 확률은 얼마나 될까. 아무 준비 없이 비를 맞았던 적이 언제였는지, 선뜻 떠오르지가 않았다. 곧 비가 그치고 다시 해가 비쳤다. 비도, 쨍한 햇빛도 사막에선 모든 게 갑작스러웠다. 우린 그저 비가 오면 맞고 해가 뜨면 젖은 머리를 털며 걸어갈 뿐이었다.

카타 튜타가 울루루에 밀려 만년 이인자 신세인 건 결과적으로 잘된 일이다 싶었다. 특별한 기대 없이 시간이나 때울 요량으로 바위 사이를 걷는 동안 마음이 한결 가벼워졌기 때문이다. 이건 특별히 나에게만 주어진 특혜는 아닌 것 같았다. 산책로를 벗어난 연인들은 거리낌 없이 입을 맞추며 사랑을 확인했고, 아이들은 올챙이를 뒤쫓으며 맑은 개울가를 첨벙거렸다. 그런 아이들의 늠름한 일일 가이드가 된 아버지들의 상기된 표정.

그제야 울루루가 궁금해지기 시작했다. 아니 마주할 자신이 생겼다. 사진보다 현실이 못하다 해도, 기대에 못 미치더라도 상관없었다. 그에 대한 내 마음은 변함이 없을 테니까.

길이 3.6 킬로미터, 해발 867 미터의 세계에서 가장 큰 바위 덩어리 앞에 섰다.

지구의 배꼽, 사막 한가운데에 불룩 솟은 경이로움 같은 수식어들은 얼마나 부족한가. 인터넷에서, 가이드북에서, 우체국 달력 속에서 숱하게 봐왔건만 그 모든 것을 뛰어넘는 거대함에 압도당한 난 꼼짝도 할 수 없었다.

"잘 왔어."

울루루가 나직하게 속삭이는 것만 같았다. 7년 전 가을, 5개월 만에 그를 만났을 때처럼 맥이 탁 풀렸다. 그날 나는 바위처럼 단단하고 묵직한 그의 품에서 얼마나 안도했던가.

연애하는 동안 가장 오래 떨어져 있었던 건 그가 이병 때였다.

캠퍼스에 덩그러니 혼자 남은 나는 아무도 만나고 싶지 않았다. 어디를 가든, 누구를 만나든 나 혼자라는 잔혹한 현실만 더욱 선명해질 뿐이었다. 영국으로 어학연수를 간 것도 그래서였다.

그런데 장소가 바뀌어도 한 사람 생각뿐인 건 똑같았다. 무슨 일을 해도 집중이 되지 않았다. 그와 맘껏 전화 통화할 수 있는 주말 아침만 기다렸고, 학원 게시판에 붙어 있는 그의 편지를 떼어낼 때가 제일 행복했다. 유럽 배낭여행을 위해 영국으로 갔다는 것조차 까맣게 잊어버리고 5개월 만에 한국으로 돌아온 것도 순전히 그 때문이었다.

그리고 그를 만나러 가던 날, 얼마나 긴장했는지 모른다. 매일 같이 전화하고 편지를 주고받던 연인을 직접 만나게 되면 설렐 줄 알았는데, 정작 나는 두려움에 떨고 있었다. 그동안 그가, 내가 달라졌으면 어쩌나. 눈에서 멀어지면, 마음에서도 멀어진다는데. 군대 가면 변하는 게 당연하다고, 언니 오빠들이 그랬는데.

수억 년 동안 한 자리를 지키고 있는 바위를 보고 있자니 기껏해야 50여 년밖에 남지 않은 우리 삶이 찰나같이 느껴졌다. 그는 언제나 영원한 사랑을 다짐했지만, 정작 나는 그것이 가끔 부담스러웠다. 앞일은 알수 없고, 우린 사랑이란 걸 처음 해보는 중이었으니까. 세상에 영원한 것이 있다면 그것이 우리 사랑이길 간절히 바라면서도 나는 한없이 그의 사랑을 의심했다. 천 년 만 년 살 것도 아닌데, 난 왜 가장 소중한 사람에게조차 온 마음을 다하지 못하는 걸까. 다급했다. 아직 못한 말이 많았다. 처음부터 나도 당신뿐이었는데.

"여보 있잖아, 사실은…"

그가 뒤에서 조용히 나를 끌어안았다. 무슨 말이든 하고 싶었지만 그대로 굳어버린 것만 같았다. 7년 전에도 그랬다. 보고 싶어서 죽을 것 같았다고 말할 생각이었는데, 목구멍에 뭐라도 걸린 것처럼 아무 말도 나오지 않았었다. 저 바위도, 그도 이미 다 알겠지. 흔들리는 건 늘 나였으니까. 난 흙바닥에 주저앉아 꺽꺽 소리 내어 울고 싶었다.

사람들은 각자 취향대로 이 바위를 즐겼다. 맨발로 걸으며 천천히 감상하기도 하고, 동굴을 찾아다니거나 바위 꼭대기에 올라가는 일에 몰두하기도 했다. 그렇게 사방에 흩어져 있던 이들이 약속이나 한 것처럼 한곳으로 몰려들었다. 울루루에서 가장 중요한 의식, 일몰이 막 시작된 참이었다.

반백의 커플은 포도주잔을 부딪치며 울루루를 배경으로 야외 식사를 했고, 튀는 걸 좋아하는 어린 여행자들은 자동차 지붕 위로 올라가 소리를 질렀다. 거대한 플래시 몹의 일부가 된 것 같았다. 수십 아니 수백 명의 사람에 섞여 한 가지 일이 벌어지기만을 기다리며 같은 곳을 응시하고 있는 건 무척 영험한 기분이었다.

드디어 황갈색이던 바위가 서서히 주황빛으로 변하기 시작했다. 마치 세상에 존재하는 모든 빛이 한데 모이는 느낌이었다. 사람들의 얼굴에도 주황빛 물이 들었다. 난 그 빛을 일일이 담을 수 없다는 걸 깨달았다. 지금 함께하는 이가 있는 한 이 순간은 영원히 기억되리라. 정신없이 카메라 셔터를 눌러대던 걸 멈추고 사진기 대신 그의 손을 잡았다. 그가 내 이마에 키스했다. 문득 지금 우리는 평생에 걸쳐 손에 꼽을 만큼 아름다운 한때를 보내는 것인지도 모른다는 생각이 들었다.

빛이 완전히 사라지자 자동차들이 일제히 헤드라이트를 켰다. 국립공원 입구로 가는 길에 일정한 간격으로 서 있는 자동차 행렬이 망망대해에 떠 있는 오징어잡이 배들 같았다. 많은 사람이 국립공원 안에 있는 리조트와 야영장으로 갔지만 우린 전날 밤을 보냈던, 100킬로미터 떨어져 있는 무료 야영장으로 방향을 틀었다.

운전하는 그를 보며 생각했다. 모진 비바람이 몰아쳐도 굳세게 서 있는 저 바위처럼 이 남자를, 그리고 나를 후회 없이 사랑하고 싶다고.

이 남자, 신혼여행지 하나는 기가 막히게 골랐다.

08:45 am

06:16 pm

06:28 pm

지나고 보니 둘이 하는 여행은
길눈이 어두운 남자와 지도는 읽을 줄 모르는 여자가
서로 도와가며 목적지에 도달해가는 훈련이었다.
채소를 좋아하는 여자와 고기를 좋아하는 남자가
서로 이해하려고 노력하는 과정이었다.
그날 이후로 나는 더는 첫사랑이니,
영원함이니 하는 것들에 목매지 않기로 했다.
그와 나의 사랑에 대해 정의 내리려는 노력도 하지 않았다.
지금 이 순간, 옆에 있는 사람을 열렬히 사랑하면 그만이었다.
그저 더 깊이 그를 이해하고,
있는 그대로의 그를 사랑하고 싶을 뿐이었다.
- 스털링 산맥 국립공원, <우리들의 연애시대>

Western Australia
Top End

눌라보 평원(Nullarbor Plain)

We are crossing the Nullarbor!

하트 호수(Lake Hart)를 발견한 것은 오팔 광산 마을 쿠버 페디를 벗어
난 지 3시간쯤 뒤였다. 9월 말이면 여전히 봄인데 에어컨 없이 숨을 쉬
는 게 서서히 버거워지고 있었다.

쉼터의 그늘막에 하니를 세워두고 호수 쪽으로 난 붉은 모래밭 길을
걸었다. 앞서 가는 그의 등에 수박씨처럼 따닥따닥 붙어 있는 검은 파리
들을 보며 나는 구시렁거리고 있었다. 이런 모래땅에, 도대체 어떻게 호
수가 있다는 거야? 그러나 성급한 판단을 해서는 안 된다. 난 지금껏 알

고 있던 상식이나 경험이 먹혀들지 않는 희한한 곳을 여행하는 중이니까.

그리고 나지막한 언덕 꼭대기를 넘어 내리막길로 들어서는 순간 와, 한숨이 절로 나왔다. 녹회색 부시와 가지가 앙상한 메마른 나무들 사이로 야생 꽃밭이 펼쳐져 있었고, 언덕 끝에는 새하얀 소금호수와 그 소금호수를 휘감은 기찻길이 그림같이 서 있었다.

앞질러 간 남편이 곧바로 호수로 뛰어들었다. 그리고 소금 덩어리를 흔들어 보이며 내게도 들어오라는 손짓을 했다. 나는 "누군가는 사진을 찍어야지(보는 것만으로도 충분해)." 하는 투로 카메라를 흔들어 보였다. 직접 만져보고 먹어봐야 소금인 걸 아나? 나는 철로 한구석의 먼지를 털어낸 뒤 털썩 주저앉았다. 햇빛에 달구어진 쇳덩어리에 데어 하마 터면 비명을 지를 뻔했다.

그를 보고 있으면 나비 같다는 생각이 들곤 했다. 바닷물이 얼마나 깊은지 모르는 나비들은 두려움 없이 바다 위를 질주한다지. 나는 세상의 시선을 의식하지 않는 그의 자유로움을 사랑했지만, 때론 그게 불편하기도 했다. 그와 있으면 내가 얼마나 경직된 사람인지가 도드라져 보이기 때문이었다. 말로는 "하고 싶은 일을 하면서 살아야지." 하면서도 정작 나 자신은 하고 싶지 않은 일들에 파묻혀 살았다. 숨을 쉬고 있다고 다 살아 있는 게 아니듯, 그에 비하면 나는 겉만 멀쩡한 박제된 동물이나 다름없었다.

다음 날, 스튜어트 고속도로를 벗어나 에어 고속도로(Eyre Highway)에 들어섰다. 노던테리토리, 사우스오스트레일리아와 공식 작별한 것이다. 호주에서 가장 넓은 땅, 웨스턴오스트레일리아로 이어지는 도로에 발을 디뎠다는 것만으로도 대단한 일을 한 것처럼 감동적이었다. 하지만 지도를 보면 그렇게 기뻐할 수만도 없었다. '나무가 없다'는 뜻의 라틴어에서 유래한, 무려 2천 킬로미터에 걸쳐있다는 '눌라보 평원(Nullarbor Plain)'을 통과해야 하기 때문이다.

호주 내륙치고 삭막하지 않은 곳이 없지만, 눌라보 평원이 더 특별하게 느껴지는 이유는 몇 가지 기록 덕분이다. 사우스오스트레일리아와 웨스턴오스트레일리아를 남쪽으로 가로지르는 이 평원에는 두 주를 연결하는 대륙횡단 철도가 운행되는데, 이 철도는 세계에서 가장 긴 478킬로미터의 직선구간을 통과한다. 우리가 지나갈 에어 고속도로에도 호주에서 가장 긴 146.6킬로미터의 직선 길이 있다. 그리고 무려 1,365킬로미터에 걸쳐있는 18홀 골프장이 있다면 믿을 수 있겠는가? 그런데 있다. 여기 눌라보에.

말이 좋아 고속도로지 에어 고속도로는 우드나다타 트랙보다 더한 오지였다. 수백 킬로미터 간격으로 서 있는 로드 하우스를 빼면 사방이 온통 허허벌판일 정도로 텅 비어 있었고, 커브도, 높낮이도 없는 지난한 직진 코스가 온종일 이어졌다. 레드센터를 여행할 때 앨리스스프링스에서 퍼스까지 자전거로 여행하는 두 남자를 만났었는데, 그들이 무사히 이 길을 지날 수 있을지 진심으로 걱정이었다.

우리 생활도 덩달아 단순해졌다. 아침에 일어나면 주유소를 찾아가 기름을 채우고 화장실에서 볼일을 본 뒤 밥을 먹고 이동했다. 똑같은 노래가 몇 시간째 반복해서 흘렀다. 우린 노래를 따라 부르다 입이 아프면 멈췄다가 다시 또 노래를 불렀고, 그것도 지겨우면 아예 잠을 잤다. 아무리 달리고 또 달려도 도로의 소실점은 항상 그만큼 더 앞서 간 거리에서 우리를 내려다보고 있었다. 여기에 2차선의 아스팔트가 깔렸다는 것이 기적이었다.

이러니 웨스턴오스트레일리아의 첫 마을인 노스만(Norseman)의 비지터 센터에서 발급해주는 '에어 고속도로 횡단 증명서'를 진품명품 대하듯 할 수밖에!

그 날 우린 넌드루와 얄라타 로드 하우스 중간쯤에 있는 쉼터에 자리를 잡았다. 하루를 마감하기엔 한참 이른 시간이었지만, 그날만 무려 800킬로미터를 운전한 남편에게 더 가자고 할 수가 없었다. 쉼터에서 멀찍이 떨어진 덤불에서 소변을 보고 온 사이 그가 코를 골며 잠에 빠져 있었다.

　그즈음 자주 하던 생각은 운전을 한번 해볼까 하는 거였다. 지금처럼 쉼터에 도착하자마자 곯아떨어지는 그를 볼 때면 더욱 그랬다. 그런데 어렵사리 운전대를 잡았어도 로드 트레인이 쌩~하고 지나가면서 하니를 뒤흔들면 도저히 액셀을 밟을 수가 없었다. 내가 이렇게 겁이 많은 사람이었다니. 나조차 몰랐던 나의 모습을 발견하는 것. 여행은 그래서 좋다. 그것이 운전할 용기가 안 난다는 사실은 슬픈 일이지만.

　오늘 달린 거리 800킬로미터, 주유비 92달러. 현재까지 누적 이동거리 5,400킬로미터. 대체로 맑았고, 가끔 비가 내렸다. 하루를 간단히 적고 여행노트를 덮었다. 그새 너덜너덜해진 노트 사이로 얼굴 하나가 어른거렸다.

　대놓고 그런 것은 아니지만 우린 한국 워홀러들 사이에서 아웃사이더나 다름없었다. 공교롭게도 하나가 아니라 둘, 정확히는 부부라는 점 때문이었다. 그래도 친구가 한 명 있었다. 디나, 은희 언니. 단발머리에 도수가 높은 안경을 끼고 볼살이 통통해서 학생인 줄 알았더니 나보다 두 살이나 많은 부산 아가씨였다. 그녀를 만난 건 우리가 집을 렌트하기 전 김 박사네 쉐어 하우스에서 살 때였다.

　서른 언저리의 나이 든 워홀러라는 점을 빼면 우린 공통점이 별로 없었다. 나는 크고 우렁차게 그녀는 나직하고 조근조근하게 말하는 스타일이었고, 내가 된장찌개에 두부와 버섯을 넣을 때 그녀는 돼지고기를 뭉텅뭉텅 썰어 넣었다. 나는 새벽부터 오후까지 양고기 패킹 룸에서, 그녀는 오후부터 자정까지 소고기 패킹 룸에서 일했기 때문에 주말이 돼야 겨우 얼굴을 볼 수 있었다.

은희 언니에게 호주는 스무 살 때부터 가계를 책임져야 했던 자신에게 주는 최초의 휴가이자 선물이라고 했다. 그런데 안타깝게도 그녀는 내가 만난 워홀러 중 젤로 운이 나빴다. 특히 세컨드 비자를 받기 위해 벌인 사투는 정말 인간승리의 기록이라 할 만했다.

일이 틀어진 건 공장에서 신규인력을 채용하기로 한 날짜를 계속 미루면서였다. 일자리보다 일하고 싶은 사람이 넘치다 보니 공장은 그야말로 엿장수 마음대로였다. 가장 큰 피해자는 김 박사의 광고만 믿고 머레이 브리지로 몰려든 워홀러들이었다. 충원계획을 미루는 건 실상 공장 측이었으므로 김 박사로서는 소개비를 챙기고 집세를 벌 수 있으니 남는 장사였을 것이다. 하지만 여유자금 없이 무작정 기다려야 하는 이들에겐 심장이 바싹바싹 타들어 갈 일이었다. 우리가 애들레이드 힐의 포도농장에서 그랬던 것처럼.

그녀도 그들 무리 중 하나였다. 그런데 그녀가 하루빨리 공장 일을 시작해야 했던 건 비단 돈 때문만은 아니었다. 세컨드 비자를 신청하려면 농장, 공장 같은 일차 산업분야나 우프(WWOOF, 유기농 농장 일을 거들어 주는 대가로 무료 숙식을 제공받는 것)에서 88일간 일한 경력이 있어야 하는데, 그걸 신청할 수 있는 기간이 얼마 남지 않았던 것이다.

상황이 긴박하자 몇몇은 불법 비자를 알아봐 주겠다며 나섰다. 하지만 그녀는 비자 연장을 못 해서 호주를 떠나야 할망정 불법은 저지르지 않겠다고 단호히 거절했다. 그렇다. 서른 살이 넘은 싱글 여자가 여행자도, 유학생도 아닌 워홀러로 살기 위해서는 그만한 각오와 자존심이 필요했다. 그리고 농장에서 성추행을 당할 뻔했던 위기와 우프 가정에서 눈칫밥 먹는 날들을 버티고, 고기공장에서 일한 며칠을 더해 정확히 88

일을 채운 그녀는 당당히, 합법적으로 세컨드 비자를 받았다.

생각해 보면 우린 여고생 때로 돌아간 것 같았다. 가끔 남편이 질투할 만큼 우린 자주 밤새워 이야기했고, 그러고도 또 할 말이 남아서 정성껏 편지를 쓰고 선물을 주고받았다. 내가 받은 것 중 가장 인상적인 것은 바로 나의 여행노트. 호주로 출국하는 그녀에게 아버지가 선물해준, A4로 만든 2센티미터 정도 두께의 공책 세 권 중 한 권이다.

사업이 실패한 뒤 어머니와 자기에게 모든 책임을 떠넘기고 사라졌던 무책임한 아버지. 세월이 지나고 많은 것이 정리된 뒤에야 다시 홀연히 나타난 그를 그녀는 받아들일 수가 없었다. 상처를 준 사람과 받은 사람, 차마 미안하다는 말도 하지 못하는 사람과 용서할 수 없는 사람. 상처받은 사람에게 상처 준 사람을 '먼저' 용서하라는 건 얼마나 억울하고 불공평한 일인가. 그걸 잘 알면서도 나는 "그래도 아버지 아니냐. 나중에 후회하지 말고 얼른 용서하라."며 어른 흉내를 냈다.

내가 원한 것은 하나였다. 그녀 마음의 평화. 딸 눈치를 보며 거실에 쭈뼛이 앉아 있다가 돌아가는 아버지를 증오하는 동안에는 절대 찾을 수 없는 그것. 생각만큼 마음이 따라주지 않아 괴로워하는 그녀를 보며 난 그런 비스름한 일을 겪어 보기는커녕 부족함 없이 자란 게 미안하기만 했다. 그리고 지금껏 잘 버텨준 그녀가 너무도 대견해서 따뜻하게 안아주고 싶었다.

창문 너머로 대형 캠퍼 버스 한 대가 보였다. 지금까지 본 것 중 최고 사이즈의 캠핑카였다. 예순 살쯤 돼 보이는 아저씨 한 명이 여기저기를 손보고 있었다. 버스 뒤에 달린 트레일러는 사륜구동을 주차하는 차고 겸 각종 장비가 빼곡하게 채워져 있는 정비소였다. 저 정도면 여행용 캠핑카가 아니라 아예 집을 통째로 옮겨 다닌다고 해도 될 것 같았다.

여행 전 캠핑과 관련한 걱정이 두 가지 있었다. 진짜로 무료 캠핑이 가능할까, 얼마나 자주 씻을 수 있을까. 둘 다 어떻게 하면 최대한 돈을 아낄 수 있을지에 대한 문제였다. 그런데 호주가 세계에서 제일 많은 캠퍼 밴을 보유한 나라로 꼽힌 데는 이유가 있었다. 한마디로 호주는 캠핑 여행의 천국이었다.

일단 마음만 먹으면 매일 무료로 야영할 수 있다고 해도 과언이 아니었다. 호주의 유명한 볼거리는 대부분 국립공원으로 지정되어 관리되고 있는데, 그 국립공원 안팎에는 수도시설과 화장실이 딸린, 무료이거나 저렴한 비용의 야영장이 꼭 있었다. 몇 날 며칠씩 쉬지 않고 이동하다 보면 도로 한가운데서 자야 할 때도 있지만, 로드 트레인 같은 장거리 운전자들을 위한 쉼터가 곳곳에 있어서 걱정이 없었다. 사실 산이고 바다고 할 것 없이 한산해서, 굳이 야영장이 아니더라도 하룻밤 머물 곳은 곳곳에 널렸다고 봐도 좋았다.

샤워도 마찬가지다. '3일에 한 번 샤워하기 원칙'은 주로 무료 야영장을 이용하려는데 대한 현실적인 처방이었다. 숙소에 머물지 않는 이상 샤워를 할 수 있을리가 없다고 생각했기 때문이다. 그러나 무료 야영장이나 고속도로의 로드 하우스에 샤워장이 딸려있는 경우가 많았고, 카라반 파크(Caravan park)에서도 샤워만 하는 게 가능했다. 비용은 대게 3달러 내외였는데 워낙 물이 부족하다 보니 3분으로 이용시간을 제한하는 곳도 있었다. 3분 안에 어떻게 머리를 감고 샤워까지 하느냐고? 나도 처음엔 불가능할 줄 알았다. 그런데 막상 닥치니까 다 하게 되더라.

무료 야영장 다음으로 우리가 주로 이용한 것은 카라반 파크였다.

카라반 파크는 말 그대로 카라반 같은 캠핑 여행자들을 위한 숙소다. 일반 모텔과 달리 널따란 대지를 갖추고 있으며, 캠퍼 밴 같은 캠핑카를 주차하거나 텐트를 칠 수 있는 땅을 대여해 준다. 비용이 무척 저렴하고 공동 샤워장, 세탁실, 부엌 등을 이용할 수 있어서 캠핑 여행자들에게 무척 유용하다. 대지 확보가 중요하다 보니 대도시의 경우 대게 외곽에 있는데, 풀장이나 테니스 코트 같은 여가 시설도 갖추고 있어서 캠핑 여행자들뿐만 아니라 한가하게 쉬어가려는 가족여행객들에게도 인기가 많다. 일반 모텔처럼 개별 취사 시설과 화장실이 딸린 독채 형태의 캐빈(cabin)도 있다.

우리가 여행할 당시의 요금을 보면 성인 두 명 1박 기준에 카라반 파크의 캐빈은 100달러, 사이트 대여료는 전기 사용 여부에 따라 20~50달러 정도였고, 모토인 수준의 모텔은 60달러, 국립공원의 유료 야영장의 경우 1인당 10달러 내외였다.

캠핑이 별건가? 텐트 치고, 자고, 밥 해먹고, 다음 날 일어나서 텐트 걷고, 밥 해먹고 떠나면 그만이지 하는 분들을 위해 조금만 더 덧붙이겠다.

여행같이 좋은 것도 없지만, 사실 여행도 일상만큼 에너지가 필요한 일이다. 특히 '달리는' 시간이 대부분인 자동차 여행은 그 자체로 노동이었다.

호텔에 머물면서 가이드가 예약해둔 식당에서 밥을 먹고 구경을 하는 패키지 관광이 주상복합아파트에 사는 거라면, 캠핑 여행은 넓은 텃밭과 마당과 개까지 있는 단독주택에 사는 거랑 비슷했다. 손 놓고 있으면 텃밭과 마당에 금세 잡초가 무성해지고, 개들이 사방에 똥을 뿌리고 다니며 모서리마다 허연 거미줄이 쳐진다. 한마디로 끝없이 돌보고, 치우고, 조여야 할 것들 천지이다.

버스를 개조해 이동식 집을 만들고 스스로 정비해가며 여행하는, 일상이 곧 여행이고 여행이 곧 일상인 사람들. 그래도 저 커다란 버스를 끌고 혼자서 여행하는 건 꽤 외로운 일일 텐데. 낮은 코를 고는 남편을 바라보며 오래도록 함께 여행하면 좋겠다고 생각했다. 그래야 내가 운전할 일도, 외로울 일도 없을 테니까.

다음 날, 드디어 주 경계를 넘었다.

웨스턴오스트레일리아의 보더 빌리지(Border Village)의 상점에는 세 개의 시계가 걸려 있었다. 사우스오스트레일리아 시간, 현재 지역 시간, 웨스턴오스트레일리아 시간. 내 손목시계는 아직 사우스오스트레일리아에 맞춰져 있다.

차들이 한 줄로 서서 순서를 기다리고 있었다. 웨스턴오스트레일리아 검역소는 다른 주에 비해 엄격하기로 유명했다. 특히 씨앗이나 식물, 음식에 민감하다고 해서, 나는 김치나 미역, 김 같은 것들을 압수당하지는 않을 지 걱정이었다.

호주의 검역제도가 유난하다는 건 진작 알고 있었다. 10여 년 전 나의 애정 어린 권고에도 불구하고 끝끝내 퍼스로 어학연수를 떠난 룸메이트에게 보냈던 팩소주 상자는 흔적도 없이 사라졌고, 엄마가 주기적으로 보낸 커다란 우체국 EMS 박스를 열면 꼭 부상자가 한둘 나왔다.

어느 날은 천일염 포장지 한가운데가 북 찢어져 있었고, 소고기 육포를 압수하였는바, 추가 요금을 내고 본국으로 되돌려 보낼래, 아니면 여기서 자체 폐기할까를 물어오는 공문을 받은 적도 있다. 어쨌든 맡은 바임무를 성실히 수행하는 호주 이민국 직원들 덕분에 엄마는 손수 담근 김치와 된장을 2년 동안 단 한 번도 보내지 못했고, 지금까지도 그걸 무척 아쉬워한다.

그런데 그 효력이 어느 정도인가는 잘 모르겠다. '줄기마름병(Dieback)' 같은 걸 보면 더욱 그렇다. 웨스턴오스트레일리아의 국립공원을 여행하다 보면 이 병에 대한 안내문을 자주 볼 수 있는데, 한마디로 식물이 말라죽는 병이다. 울창하던 숲이 갑자기 허옇게 메마르고 이파리가 남아 있지 않다면 대게 이 바이러스가 침투한 지역이다. 현대 의학의 많은 부분이 그렇듯 이것의 원인도 분명하지는 않지만, 아이러니하게도 호주에서 이 병에 노출된 곳은 가장 까다롭게 검역을 하는 웨스턴오스트레일리아뿐이다.

다행히 아무것도 뺏기지 않고 무사히 보더를 통과했다.

두 개의 주와 세 개의 시간대를 지나왔건만 우린 여전히 눌라보 평원과 에어 고속도로에 서 있었다. 눌라보를 횡단하고 얻은 가장 큰 소득은 자신감이었다. 앞으로 이보다 더 허무하고, 텅 비어 있고, 삭막한 길은 없겠지. 이젠 나 자신을 아웃백 여행자라 불러도 부끄럽지 않을 것 같았다.

사막과 초원을 지나고 에어 고속도로를 벗어나자 거짓말 같은 풍경이 펼쳐졌다. 끝없는 지평선뿐이던 삭막한 도로에 울창한 나무들이 등장했고, 왼쪽으로는 멋진 해안선이 펼쳐졌다. 며칠 동안 지나온 황량한 땅의 연장선이라는 게 믿기지 않을 만큼 울창하고 기름졌다. 마치 가을에서 겨울을 건너뛰고 곧바로 봄이 온 것 같았다. 따뜻한 봄을 닮은 곳. 서호주 남부는 풍요로운 신록의 땅이었다.

물기를 가득 머금은 대지는 비옥하고 평화로웠다. 이파리가 풍성한 유칼립투스들은 도로 안쪽까지 몸을 길게 늘어뜨렸다. 녹색의 밀밭과 노란 유채 꽃밭이 꼬마 여자아이의 색동저고리처럼 너른 대지를 뒤덮고 있었다. 연한 녹색과 흰색이 섞인 작은 소금호수들을 몇 개 지나자, 난데없이 습지가 나타나기도 했다. 느릿느릿 풀을 뜯어 먹거나 그늘에 서서 물끄러미 우리를 바라보는 검은 소의 털은 벨벳처럼 촘촘하고 매끄러웠고, 수십 마리씩 무리 지어 다니는 새들은 도로 양쪽을 아슬아슬하게 날아다니며 운전자들을 놀려댔다. 숨쉬기가 힘들 만큼 후텁지근하던 공기마저 차분해진 느낌이었다.

야트막한 언덕길을 오르락내리락하는 동안 바다가 언뜻언뜻 드러났다. 드디어 에스퍼란스에 도착했다.

We are crossing the Nullarbor!

에스퍼란스(Esperance)

하니 구출 대작전

울루루가 나의 판타지였다면, 그는 2006년 호주에서 가장 아름다운 비치로 선정됐다는 에스퍼란스를 무척 기대하고 있었다.

눌라보 평원을 지나는 동안 그는 자신이 보고, 듣고, 상상한 에스퍼란스가 얼마나 대단한지에 대해 쉬지 않고 떠들었다. 아무튼 신기했다. 가이드북은커녕 관광 안내 책자 같은 건 거들떠보지도 않는데도, 본인이 좋아할 만한 건 얄미울 정도로 잘도 찾아내니 말이다. 특히 케이프 르 그랑 국립공원(Cape Le Grand National Park)부터 에스퍼란스 타운까지 22킬로미터에 걸쳐있는 백사장을 차로 달린다는 생각에 그는 진작부터 흥분해 있었다.

"재밌겠다, 그치?"

재미는 무슨, 나는 당연히 이 계획이 마음에 안 들었다. 2킬로미터도 아니고 22킬로미터라니. 길어도 너무 길었다. 그 안에 무슨 일이 안 일어난다면 그게 더 이상할 것 같았다. 그러나 이미 마음을 굳혔, 아니 포기했다. 그가 하고 싶은 대로 하게 놔두기로. 우드나다타와 앨리스스프링스를 지나오면서 차 문제로 예민하게 굴었던 것이 내내 마음에 걸리기도 했다. 좋다, 한번 해보자. 22킬로미터가 지나면 나는 모험가로 다시 태어나는 거다!

두꺼운 바퀴 자국이 해변 위에 선명하게 찍히는 걸 백미러로 바라보았다. 창문을 열었다. 파도가 잔잔한 거품을 일으키며 백사장을 쓰다듬듯 조용히 밀려왔다. 투명한 에메랄드 빛 물은 우아하기까지 했다. 물이 하도 맑아서 물속에 떠다니는 모래알갱이들을 세라면 셀 수도 있을 것 같았다.

이렇게 평화롭고 아름다울 수가 있다니. 여전히 불안하긴 했지만, 사실 해변만큼은 기가 막혔다. 눈을 어디로 돌리든 눈부시게 아름다운 풍경이라 진이 다 빠질 지경이었다. 상쾌한 바닷바람이 머리칼을 헤집더니 반대쪽 창문을 지나 하늘로 도망갔다. 내 마음도 그렇게 서서히 고조되어 갔다.

마침 한국으로 귀국하는 은희 언니에게서 전화가 왔다. 휴대폰 수신이 잡히는 걸 보니 마을에 가까워진 모양이었다. 통화가 끝날 즈음 갑자기 해변의 폭이 좁아지는 느낌이 들었다. 그러다 왼쪽으로 기운다 싶더니 경사진 언덕배기 같은 길이 이어졌다. 오른쪽은 완전히 들린 채 왼쪽 두 개의 바퀴로만 운전하는 묘기를 부리는 기분이었다. 불길한 촉이 왔다.

'이 정도로 만족하고 되돌아가서 안전한 길로 가자.'

목젖 바로 밑까지 말이 차올랐지만 도저히 입술이 안 떨어졌다. 그가 신 나는 얼굴로 운전에 몰입해 있었기 때문이다. 나는 계기판만 노려보았다. 남은 거리 10킬로미터. 다행히 경사면은 거의 벗어나고 있었다. 그는 해변 바깥쪽에 깊숙하게 패여 있는 바퀴 자국을 따라가는 것이 힘에 부친다고 생각했는지 바다 쪽으로 차를 몰았다. 다행히 모래사장은 안정을 되찾았다.

그래, 이대로만 쭉 가자. 그런데 그 순간, 차체가 휘청휘청하며 몇 번 흔들리더니 속도가 줄어들다가 그대로 멈춰버렸다. 에어 호수 때랑 비슷한 패턴이었다.

"앞뒤로 몇 번 움직이다 보면 괜찮을 거야."

난 악어나 해파리에 물리거나, 캥거루 발에 난타당한 사건·사고에 비하면 이깟 일은 깜찍한 수준이라고 생각하려고 애썼다. 핸들을 이리저리 움직이며 액셀을 밟았다 뗐다 하던 그가 밖으로 나가 상태를 점검했다. 왼쪽 뒷바퀴가 빠졌단다. 다시 한 번 시동을 걸고 액셀을 밟았다.

'에어 호수에서의 기적을 다시 보여주세요!'

이 순간만 무사히 지나간다면 앞으로는 무슨 일이든 할 수 있을 것 같았다. 바다에라도 뛰어들라면 뛰어들겠습니다. 다급해진 나는 신에게 협상 카드를 내밀었다. 그런데

"빠졌다, 어쩌지?"

남편의 공식적인 사고 발생 선고. 결국, 일이 이렇게 되고 말았다. 철썩거리는 파도소리, 경쾌한 바람 소리가 단번에 사라지고 세상에 남은 건 "빠졌어, 빠졌어, 빠졌어." 하는 그의 마지막 한마디뿐이었다.

처음엔 무의식중에 공황상태에 빠졌다. 그래, 처음부터 무리한 일이었지. 그에 대한 원망도 생겼다. 그러나 침착해야 했다. 우리를 구해줄 사람이 아무도 없는 망망대해에서 살아남으려면 스스로 강해지는 수밖에 없었다. 신은 인간이 극복할 수 있는 만큼의 시련을 하사하신댔지. 나는 내 안에 남은 긍정의 기운을 최대한 쥐어짜 냈다.

그런데 실제로도 나는 상상했던 것보다 훨씬 담담하게 이 사태를 받아들이고 있었다. 아웃백 아웃백 하다가 언젠가, 적어도 한 번은 이런 일이 벌어질 거라고 마음을 비워두었던 정신수양의 훌륭한 결과였다. 그나마 전화가 터지는 지역에 있다는 것이 천만다행이었다.

'일단 경찰서에 전화해볼까? RAA(견인 서비스를 해주는 호주 자동차 보험회사)에 가입하길 정말 잘했군. 그런데 잠깐, 이거 밀물이야 썰물이야?'

제법 평정심을 유지하고 있다고 생각했는데 바닷물이 자꾸 우리 쪽으로 밀려드는 것 같자 마음이 다급해졌다. 이러다간 파도가 곧 하니를 덮쳐버릴 것만 같았다. 남편은 내가 어디로 전화해서 도움을 청해야 할지 고민하는 것에는 관심도 없다는 듯, 마치 할 줄 아는 일이 그것밖에 없는 사람처럼 반쯤 타다 만 나무토막으로 바퀴 밑에 깔린 모래만 열심히 파냈다. 그리고는 바퀴 밑에 나무토막을 비스듬히 덧대더니 나더러 큰 돌을 찾아보라며 지시를 내렸다.

여기가 울루루도 아니고 무슨 돌덩이가 있겠어? 그리고 내가 지금

지시받을 군번은 아닌 것 같은데! 해변에서 돌을 찾는 건 애초에 불가능한 일이라고 단정 지었기 때문일까. 하얗고 고운 모래 말고는 아무것도 보이지 않았다. 근방을 대충 두리번거리다 포기하고 전화기를 집어 들었다. 아무리 생각해도 이 상황을 탈출하는 가장 빠른 길은 우리를 구해줄 '다른' 사람을 찾는 거였다.

000 비상전화를 누르자 지역 경찰서로 연결됐다. 상황을 설명했더니 견인업체의 연락처를 가르쳐준다. 이봐, 우린 지금 심각한 상황이라고. 당장 바다에 배를 띄우든가 헬기를 띄워 우리를 구하러 오란 말이야! 누구는 등 뒤로 식은땀이 흐르는데 그들은 천하태평이었다. 지금이 밀물 때인지 썰물 때인지만 알아도 좀 낫겠는데 내 말을 못 알아듣는 눈치였다. 그러고 보니 지역 번호도 안 가르쳐 주었다. 이런 망할. 에스퍼란스 지역 번호가 어디 적혀 있더라? 가이드북을 뒤적이는 손에 경련이 일었다. 심장이고, 팔다리고 할 것 없이 몸 전체가 달달 거리며 떨렸다.

견인업체의 연락처를 받았으니 최소한 우리를 구하러 올 누군가는 있다는 얘기고, 그렇다면 보험회사에 먼저 연락을 하자. 10킬로미터 정도면 타운에서 그리 멀지 않으니까 적은 돈으로 해결할 수도 있을 거다. 일이 시나리오대로만 풀린다면 에스퍼란스 경찰서에서 알려준 견인업체가 보험회사의 연락을 받고 여기로 오겠군.

이런 긴박한 상황에서도 좀 더 저렴하게 처리할 방법을 찾아내다니. 내가 생각해도 감탄스러웠다. 아직 이성적으로 사고할 만한 정신 상태라는 생각이 들자 기분도 훨씬 좋아졌다. 그는 아까와 똑같은 자세로 모래를 파내고 있었다. 내가 얼마나 훌륭하게 일을 처리하는 중인지 그에게 자랑하고 싶어 입이 근질근질했다.

"나는 프. 리. 미. 엄 회원인데 말이야. 웨스턴오스트레일리아를 여행하다 차가 모래에 빠졌어! 캔 유 헬프 미?"

"물론이지! 일단 회원 확인부터 하고. 근데 차가 모래에 빠졌다고? 그럼 정규 도로가 아니란 말인가?"

"어, 그게 실은 사륜구동 전용 구간이야. 타운에서는 한 10킬로미터 정도 '밖에' 안 떨어져 있어. 그런데 비용은 얼마나 들까?"

"견인비는 80$가 기본인데, 글쎄. 일단 그쪽 지부에 연락해서 너한테 직접 연락하도록 조치를 취할 테니까 기다려봐(그래, 내가 바라던 게 바로 이거야!). 차 번호가 뭐지?"

"S567 AGK."

"뭐라고? 다시 한 번 말해봐."

"S567 AGK."

"오, 쏘리 미안해 못 알아듣겠어. 다시 한 번 불러줄래?"

"(이런 망할, 내 'S' 발음에 마가 끼었나?) S for South Australia 567 A. G. K!"

"오케이! 접수됐어. 좋은 하루 보내~!"

좋은 하루고 나발이고 신원 확인하다 사람 여럿 죽어 나가겠다. 아무튼, 느려터진 놈의 나라, 정나미가 다 떨어졌다. 위급상황이라고 강조하긴 했지만, 평소 나무늘보 급으로 느림의 미학을 실천하는 분위기를 고려하면 보험회사가 얼마나 빠릿빠릿하게 일 처리를 할지 장담할 수 없었다. 내 'S' 발음도 못 알아듣던 여자에게 우리 운명이 달렸다니. 어쨌든 이젠 그쪽에서 전화가 오기만을 기다리는 수밖에 없었다. 만약에 전화도 안 터지는 지역이었다면? 으, 그건 정말 상상하기도 싫었다.

혹시 전화를 못 받을까 봐 전화기와 메모지, 펜을 손에 쥐고 앉아 있는데 남편이 이번에는 차를 힘껏 밀어보라고 난리였다. 뻔히 내가 경찰서와 보험회사에 전화하는 것을 보고 들었으면서 어떻게 됐냐는 말 한마디 없다. 아무튼, 남자의 자존심이란. 그래도 어쩌나. 풀이 죽은 남편의 기를 살려주는 것도 아내인 나의 몫인걸. 그런데 휴대폰을 들고 차를 밀자니 힘이 제대로 들어갈 리도 없고, 부드러운 모랫바닥에 발만 쑥쑥 빠졌다. 그 상태로 몇 분이 몇 시간처럼 흘렀다. 쿵쾅거리는 내 심장 소리에 귀가 멍해진 것 같은 느낌이 들 무렵 드디어, 전화벨이 울렸다.

에스퍼란스 견인업체다. 신이시여 감사합니다. 그녀가 일을 제대로 처리했군. 30분 이내에 도착할 수 있단다. 그런데 비용은? 뭐라고? 이백오십 달러?

아무리 백사장 한가운데라지만 이건 날강도나 마찬가지였다. 어리숙한 여행자를 희생양 삼아 일당을 챙겨보겠다는 거군. 그 뻔뻔함에 미칠 듯이 화가 났지만 다른 선택 사항이 있는 것도 아니었다. 나는 물이 계속 밀려드는 것 같으니까 제발 최대한 빨리 와줘쇼, 하고 비굴하게 사정하고 말았다.

"30분이면 도착한다니까 이제 숨 좀 돌리자."

그런데 견인업체가 오기로 했다는데도 그는 하던 일을 멈추지 않았다. 뭘 하다 그랬는지 오른쪽 손등에서 피까지 나고 있었다. 그는 내가 견인업체를 부른 것이 못마땅하다는 표정이었다. 아이고, 이제 나도 모르겠다. 여기에 온 것도 당신 뜻이었으니까 앞으로도 당신 하고 싶은 대로 맘대로 하쇼. 대신 돌을 주워 와라, 차를 밀어라, 더는 귀찮게 하지 말고.

그의 잔소리와 알 수 없는 표정을 피해 해변 반대쪽 언덕으로 올라섰다. 하니가 푹 빠져 있는 새하얀 모래사장과 그 뒤로 끝없이 펼쳐진 쪽빛 바다가 나랑은 전혀 상관없는 풍경 같았다. 비록 조난을 당했어도 한숨이 나올 만큼 아름다운 바다였다. 이 그림 같은 풍경 위로 헬리콥터 한 대가 날아가고 있었다.

누구는 참 팔자도 좋구나. 이 멋진 해안을 하늘에서 내려다보면 얼마나 근사할까. 난 그들을 향해 손을 흔들어주는 대신 양팔로 크게 X자를 그렸다. 기분 좋게 인사할 기분이 아니어서 미안해요, 보시다시피 우린 조난을 당했거든요.

그런데 헬리콥터가 수상했다. 내 머리 위를 크게 한 바퀴 휘돌더니 점점 하강하는 것이다. 30분 안에 오겠다더니 벌써 도착한 건가? 어쩐지 250달러는 너무 터무니없다 싶었는데 헬기를 타고 오셨나 보군. 헬기를 이용해서 차를 끄집어낼 줄은 상상도 못 했는데, 역시 거대한 나라에 사는 사람들은 사고의 스케일도 다르구나 싶었다. 영화의 한 장면처럼 나는 헬기가 착륙한 쪽으로 뛰어갔다. 구원자들의 모습을 어서 빨리, 자세히 보고 싶었다.

"헬로우, 어서 와. 너희를 기다리고 있었어."

"바퀴 자국을 보고 쭉 따라왔지."

"이런저런 시도는 해봤는데 도저히 안 되더라고."

우리 차로 성큼성큼 걸어가는 구조원은 카우보이모자를 쓰고 있었다. 재밌게 사는 사람인가 싶었다. 어라, 그런데 연장 하나 없는 맨손이

다. 상태만 체크하고 바로 헬리콥터에 연결하려는 모양이었다. 그런데 카우보이를 뒤따라 나오는 나머지 세 명의 포스가 심상치 않았다.

중학생쯤 돼 보이는 금발의 소년과 손에 콤팩트 카메라를 들고 있는, 화장기 없는 중년의 여자. 젤로 가관인 건 그 아줌마 뒤로 걸어 나오는 아저씨였다. 눈이 주먹만 하게 커 보이는, 엄청난 도수의 안경을 쓴 오십 대 정도의 남자였는데, 키는 멀대같이 크고 몸은 비쩍 말라서 마치 기다란 장대 위에 안경만 걸쳐 놓은 것 같았다.

이런 사람이 차를 빼러 왔다고? 차 빼다 팔이 부러져서 그 치료비까지 내가 물어줘야 하는 거 아냐? 이런 부실한 사람들에게 나와 하니의 (운전을 똑바로 하지 못한, 이 사건의 원흉인 남편은 제외한다) 운명을 맡겨야 한다니. 정말 울고 싶었다.

그런데 이 카우보이 아저씨는 뭐가 그리 즐거운 거야? 아까부터 실실 웃으며 "Not too bad, not too bad. 뭐 이 정도면 괜찮아." 하면서 아까 우리가, 아니 남편이 쉬지 않고 해오던 일, 즉 '타이어 주변에 있는 모래 빼내기' 작업을 거들기 시작했다. 이렇게 빨리 와 준 건 정말 고마웠다. 어쨌든 이 사지에 다른 이들과 함께 있다는 것만으로도 안심이었으니까. 그런데 아무런 장비도 없이, 우리가 하던 일만 되풀이하려는 거라면 얘기가 달랐다.

남편은 붉으락푸르락 한 얼굴로 이들을(혹은 나를) 노려보았다. "고작 모래나 푸러 온 사람들한테 250달러를 준다고?" 하는 표정이었다. 이들을 부른 건 나니까 이들이 한심한 짓을 하는 것도 내 책임이었다. 사고는 그가 저질렀는데 이렇게 되면 내가 굽히고 들어가야 할 수도 있었다. 돈도 버리고 그에게 머리까지 숙여야 한다니.

"이왕 거금을 들여 고용한 거니까 어떻게 하는지 지켜보기만 하자."

우린 당신들 일을 거들 생각일랑 전혀 없으니 어디 한번 열심히 해보슈. 우린 아예 팔짱을 끼고 멀찍이 비켜섰다. 등장부터 유난스러웠던 카우보이는 무릎까지 꿇고 앉아 '모래 파내기'에 열중하는 '척' 했고(250달러 받으려고 별 쇼를 다 하는구먼!), 비쩍 마른 돋보기 아저씨는 어디서 판자며 녹슨 자동차 번호판을 잘도 주워 와 바퀴 밑에 쑤셔 넣었다.

자, 한 번 시도해볼까? 카우보이 아저씨가 운전석에 들어섰다.

"근데 오토인가?"

"(그래 아까 통화할 때 다 얘기했잖아, 이 멍충아!)Yes, AUTO!"

"오케이, 다들 뒤에서 힘껏 밀어보라고!"

헉 그럼 나머지 세 명은 결국, 차나 밀려고 따라왔다는 거야? 아이고 뒷골이야! 아무리 헬기를 타고 왔어도, 인건비 비싼 나라에서 네 명이나 동원됐다고 해도 이런 식으로 250달러를 챙기는 건 상도가 아니지! 차를 미는 동안에도 내 머릿속은 온통 250이란 숫자로 가득 차 있었다. 그리고 이건 아까 우리 남편이 다 해본 거거든요!

이럴 바에는 차라리 그가 하자는 대로 좀 더 해보는 건데. 괜히 피 같은 돈만 날리게 생겼다. 설상가상으로 차는 같은 자리만 더 깊이 파고 들어 갈 뿐 나올 기미가 전혀 없었다.

지금부턴 그들이 긴장할 차례였다. 돈을 받으려면 묘안을 내놓아야 할 테니까. 카우보이와 비쩍 마른 돋보기 아저씨가 한참을 속닥거리더니 차를 들어 올려야겠단다. 눈치껏 상황을 이해한 남편이 잔뜩 구겨진 얼굴로 트렁크 아래쪽을 열어 (하니에 이런 숨겨진 공간이 있는 줄 처음 알았다) 자전거 바퀴에 바람 넣는 것과 비슷하게 생긴 기구를 꺼내주자,

두 콤비는 그 물건을 열심히 돌리고 모래를 쌓으며 분주히 움직였다. 이게 저들의 방식인가 보지 뭐. 난 이제 그들이 뭘 하든지 간에 이 상황을 벗어나기만 하면 된다는 심정이 되어갔다.

그때, 팔짱만 안 꼈을 뿐, 나처럼 아무 일도 안 하고 서 있는 중년의 여자가 말을 걸어왔다.

"어디서 왔니?"

"SA, 사우스오스트레일리아에서 왔어. 어제 에스퍼란스에 도착했고. 근데 너희 가족이 운영하는 회사니?"

난 당신들이 어떤 부류인지 잘 알고 있다는 투로 퉁명스럽게 대답했다.

"우리도 이제 막 도착했어. 그리고 저 친구(카우보이)만 여기 로컬(에스퍼란스 주민)이야. 우린 여행 중이고. 헬리콥터로 관광하다 너희를 본 거야."

What? 뭐, 뭐라고? 그럼 너희는 나랑 통화했던 견인업체 직원이 아니란 말이야?

오 마이 갓!!! 오 마이 갓!!!

진즉 눈치챘어야 했는데. 그들은 이 아름다운 해변을 감상하던 우리 같은 여행자일 뿐이었다. 그러다 우리를 발견하고 순수하게 도. 와. 주. 려. 고 착륙한 거였다. 그들에게 아무런 장비가 없던 것도, 아주머니가 카메라를 들고 있던 것도, 소년이 쭈뼛거리며 걸어 나오던 것도 단번에 이해가 갔다.

"어머나, 웬일이야. 정말 미안해. 우린 너희가 우리를 구하러 온 견인업체인 줄 알았어."

"뭐, 맞는 말이지. 너희를 도와주러 왔으니까. 걱정하지 마. 나중에 도움이 필요한 사람들을 만나면 그때 갚아주면 돼."

고맙고 창피해서 모래밭에 들어가 얼굴을 파묻고 싶었다. 온몸에 모래가 들어가는 것도 상관없이 자기 일처럼 최선을 다하던 이들을 불쌍한 여행자의 푼돈이나 빨아먹는 못된 업자로 오해했다니. 멀찍이 서서 팔짱만 끼고 바라보았다니!

자초지종을 들은 남편도 본래의 착하고 순박한 얼굴을 하고 두 아저씨 사이에 무릎을 꿇고 앉아 열심히 일을 거들었다. 두 콤비의 생각대로 차체를 들어 올려서 빼낸다는 계획은 정확히 들어맞았다. 타이어 높이까지 모래를 채우고 다시 2차 시기! 차가 조금씩 움직이기 시작했다. 조금만, 조금만 더. 우린 산파가 된 심정으로 다 같이 외쳤다. 그리고 휘잉, 휘잉 소리를 내던 하니가 드디어 모래밭을 팽하니 빠져나왔다.

"아 정말 고마워요. 무슨 말을 어떻게 해야 할지 모르겠어요."

그들의 옷과 얼굴에 덕지덕지 달라붙은 모래 때문에 눈물이 핑 돌았다.

"여행하다 보면 늘 있는 일인 걸 뭐."

카우보이 아저씨는 남편에게 아웃백 트랙이나 지금 같은 모래밭을 달릴 때는 타이어의 공기를 빼서 지면과 닿는 면적을 최대로 늘리는 게 좋다며 시범을 보였다. 바닥에 무릎을 꿇고 모래를 잔뜩 묻혀 가면서.

그제야 나랑 통화했던 진짜 견인업체 사장 팀(Tim)이 반대쪽 해변에서 다가오는 게 보였다. 내가 상상했던 대로 뭔가 육중한 장비가 가득 담긴, 힘 좋아 보이는 묵직한 사륜구동을 타고서. 이미 상황이 종료된 것을 안 그는 타이어 바람을 너무 뺐다느니, 여기선 이런 일이 자주 발생한다느니 하며 볼멘소리를 해댔다. 그리고는 일이 해결됐다 하더라도 본인이 여기까지 온 이상 돈은 지급해야 한다고 못 박았다. 마음 같아서는 그들이 먼저 떠나는 것을 보고 싶었는데, 하도 팀이 눈치를 주는 바람에 주소만 겨우 받아 적고 헤어졌다.

그리고 에스퍼란스 타운까지 남은 10여 킬로미터의 백사장을 우린 미친 듯이 내달렸다. 큰소리로 괴성을 지르다 울다 웃다, 차 안은 난리통이었다. 믿기지가 않았다. 세상에 저토록 감동적인 사람들이 있다는 것이. 그들을 악덕업자로 오해했다는 것이.

타운에 가까워질수록 백사장의 표면은 훨씬 더 울퉁불퉁하고 굴곡도 심했지만, 타이어 바람도 충분히 뺐겠다, 더구나 전문가가 뒤에서 엄호하고 있으니 걱정할 게 없었다. 그렇게 22킬로미터의 해변을 완주하는 데 걸린 시간은 2시간 30분이었고, 영수증을 안 받는 조건으로 우린 현금 150달러만 지급했다.

에스퍼란스를 떠나기 전 그들을 만나러 갔다. 금광 시대가 막을 내린 이후 이곳은 농업생산지로 새롭게 주목받고 있었는데, 그의 집도 국립공원 근처의 유채꽃 농장 사이에 있었다. 직접 헬기를 몰며 여행할 정도면 집이 얼마나 대궐 같을까 싶었지만 그것도 편견일 뿐이었다.

카우보이 아저씨 에버트(Evert)와 돋보기 아저씨 존(John)은 오래전 여행하면서 알게 된 사이인데 이번에 존 부부가 근처로 여행을 오면서 오랜만에 해후했다고 한다. 놀라운 건 존과 그의 부인 로슬린(Roslyn)이었다. 그들은 호주 전역을 여행하는 중이었는데, 여행하다 돈이 떨어지면 몇 달 동안 일을 하고 또 이동하기를 반복한 지가 어느새 5년 8개월째라고 했다. 그들 부부의 카라반 사진이 떡하니 박힌 명함에는 'Sprit Gypsys'라고 쓰여 있었다.

그렇게 오랜 시간 여행하고 있건만 그들은 자연스럽고 소박했다. 지나온 곳을 들먹이며 과시하거나 가르치려 들지도 않았다. 6년이 다 된 세월 동안 셀 수 없이 많은 사람을 만나고 헤어지기를 반복했을 텐데 그들은 오늘이면 끝나버릴, 유효기한이 채 하루도 안 되는 인연에도 최선을 다하고 있었다. 몇 달 안에 일주를 마칠 거라는 우리를 대단하다며 치켜세워 주기까지 했다.

마지막으로 포옹하고 서로의 건강과 축복을 기원하는데 가슴이 시리고 코가 찡해졌다. 단 몇 시간 만에 눈물 바람으로 작별을 할 수 있다니. 내가 여행을 좋아하는 건 이렇게 즉흥적이고 열정적인 순간들 때문인지도 모르겠다.

가슴 좋인 하루를 보낸 기념으로 커피 한잔을 샀다. 여행을 시작한 뒤, 돈을 주고 사 마신 첫 커피였다. 잔을 치켜들고 촌스럽게 손가락으로 V자를 그리고서 사진을 찍었다. 뷰파인더를 보니 이빨만 허연, 까맣고 촌스러운 얼굴이 나를 보며 웃고 있었다.

한 치의 후회 없이 모든 것을 즐기자. 난 이런 우여곡절이야말로 우리 여행을 더욱 재미나게, 더욱 단단하게 만들어 줄 거라는 확신이 생겼다.

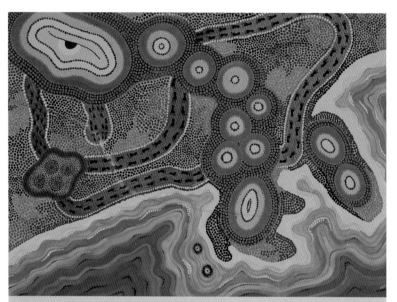

Walich Dreaming at Mandooboornup by Donna Beach (Ninnon), direct descendant of the local Bullenbuk people of Esperance.

Look around you. The land is alive with the spirit of our Earth Mother.
Listen to her . . . Feel her . . .

We humans are born of the land. The Earth Mother reminds us
that if we do not care for the land and all living things
then this land cannot protect us.

Take time to let the spirit of this land be a part of you.

스털링 산맥 국립공원(Stirling Range National Park)

우리들의 연애시대

헤어지고 나면 그에게 좀 더 너그러울 수 있을까. 가끔 술을 마시며 좋았던 한때를 추억하고, 상대방에게 새로운 사람이 생기면 진심으로 응원해주는, 애인은 아니지만 때로는 그래서 더 애잔한 <연애시대>의 동진과 은호처럼.

　서호주 남부의 대표적인 국립공원 스털링 산맥 언저리에서 나는 그와의 이별을 상상하고 있었다.

아침 댓바람부터 짜증이 난 건 그가 경로를 미리 확인하지 않고 무작정 달리다 길을 잘못 들어서였다. 덕분에 국립공원의 무료 야영장에 도착해서 여유롭게 아침을 먹고 부지런히 움직이려던 계획이 어그러졌고, 엎친 데 덮친다고 주유 등에 빨간 불까지 들어왔다. 배우들의 애드리브를 절대 허용하지 않는 드라마 작가들의 마음이 이럴까. 나는 내가 세운 완벽한 계획이 그의 불성실함 때문에 어그러지는 데 이력이 나 있었다.

시기가 문제였을 뿐, 이번 일은 예정돼 있던 거나 마찬가지였다. 그는 운전하는 게 용할 만큼 심각하게 길눈이 어두웠다. 대학 때 종로3가에서 인사동, 광화문으로 이어지는 길을 수백 아니 수천 번 걸었건만 그는 아직도 종로, 종각, 광화문, 명동, 을지로가 거기서 거기라는 걸 모른다.

길눈이 어두운 것을 탓하자는 게 아니다. 누구나 부족한 면이 있고, 미진한 부분은 후천적인 노력으로 채우면서 살아가는 거니까. 그런데 그는 절대 그런 타입이 아니었다. 그냥 무조건 가보면 된다는 식이었다. 호주로 오기 전, 나 혼자 골머리를 앓으며 돈 벌 궁리를 했던 것도 '무계획이 상팔자'로 알고 있는 그의 소신 탓이었다.

겨우 발견한 시골 방앗간 같은 주유소 덕분에 다시 RAA 신세를 져야 하는 귀찮은 일은 피했지만, 거기서 파는 터무니없이 비싼 샌드위치 때문에 난 기분이 더 상해버렸다. 배는 고프지, 국립공원에 도착하려면 얼마나 더 기다려야 하는지도 모르지, 샌드위치 하나 과감히 살 만한 돈도, 배짱도 없지. 감기 기운이 있나 한기가 들면서 속까지 떨렸다. 거기다 이 사단의 주동자는 미안하다는 말 한마디 없이 "기왕 길을 잘못 든 김에 근처에 있는 풍차나 보고 가자."며 나를 자극하고 있었다.

이 풍차란 것은 길을 제대로 들었으면 절대 마주칠 일이 없는 농장 겸 숙소였다. 전날 일정을 상의하면서 여기는 건너뛰기로 합의했었다. 100여 킬로미터나 뻗어 있는 스털링 산맥을 돌아보려면 최소 이틀 이상은 걸릴 것 같았고, 숙박하지 않는 이상 굳이 들려보고 싶을 만큼 흥미롭지도 않았기 때문이었다. 그런데 이쪽으로 온 것이 마치 자기 덕분에 잡은 절호의 기회라도 된 양하니 어이가 없었다.

한껏 센 바람이 나오던 에어컨을 거칠게 끄고 몸을 좌석에 최대한 밀착시킨 뒤 눈을 감았다. '나는 지금 무척 화가 난 상태니까 말을 걸 시도 따위 하지는 말고 내가 뭘 원하는지 '요령껏' 알아내서 모든 것을 정상화시키라.'는 무언의 압박이었다.

얼마나 잤을까. 맥시멈으로 켜진 에어컨 바람 소리에 화들짝 놀라 눈을 떴다.

"에어컨을 왜 켜?"

가뜩이나 언짢은데 내가 추운 줄 알면서도 나를 배려해주지 않은 그의 태도에 무척 화가 났고, 난 목소리와 표정에 그걸 숨기지 않았다. 그런데 간덩이가 부은 이 남자가 오히려 큰소리를 쳤다.

"더워서 켰다!"

"내가 춥다고 한 소리 못 들었어?"

"그럼 옷을 더 껴입던가!"

지금 내 비위를 맞춰줘도 화가 풀릴까 말간데. 적반하장도 정도껏 하라고 되받아치려는 찰나, 창문 너머로 풍차가 떡하니 서 있는 게 보였다. 그는 기어이 나를 여기로 끌고 온 것이다.

"저게 그렇게 좋으면 당신이나 갔다 와. 난 추워서 도저히 못 나가겠으니까."

　눈치란 게 쥐똥만큼이라도 있다면 지금이라도 유턴을 해서 스털링 산맥으로 나를 데려가겠지? 아니면 내가 잘못했다, 그래도 여기까지 왔으니 같이 구경하자며 좋게 타이르던가. 그러면 마지못해 받아주지 뭐, 하고 얌전한 고양이처럼 눈을 내리깔고 앉아 있었다. 그가 손을 뻗어오긴 했다. 내 무릎 위에 있던 카메라만 낚아채 가버렸지만.

　차 문을 세게 닫고 나가는 그의 뒷모습이 한겨울의 바람처럼 냉랭했다. 어떻게 나를 혼자 놔두고 갈 수가 있지? 강남역 한복판에서 다짜고짜 물세례라도 받은 것처럼 얼굴이 화끈댔다.

　결혼 전 7년 그 후 3년, 만난 지 10년이 된 남자와 여자.

　나는 운명이니 사주팔자니 하는 걸 믿지 않지만, 우리가 연인이 된 건 하늘의 뜻이라고 할 만한 일이었다. 그를 처음 본 순간 난 그와 나 사이에 특별한 일이 생기리라는 것을, 그러니까 우리가 서로 좋아하게 될 것 같은 예감이 들었다. 그것도 내가 오랜 시간 상상하고 기다려온 '이상형'과는 전혀 거리가 먼 남자에게 말이다.

　그는 일단 스타일이 별로였다. 중학생처럼 바짝 깎은 짧은 머리에, 힘 없이 늘어진 누런 잠바, 흰색 검은색이 교차한 멋없는 남방, 빛바랜 베이지색 면바지와 역시 검은색 줄이 그어진 흰색 운동화. 거기다 밥도 제대로 못 먹고 다니는지, 로션을 안 발랐는지 입가에 허연 버짐까지 피어 있었다. 더구나 연하라니! 최소한 나보다 네다섯 살은 더 먹은 남자들에게야 겨우 선배대접 할 마음이 들던 나였다. 그러나 캠퍼스 돌담 사이에 철쭉이 필 무렵, 우린 공식 커플이 되고 말았다. 누군가를 좋아하는 마음에 이성적인 판단은 전혀 힘이 없었다. 그저 운명이라고 생각하며 체념할 밖에.

처음 손을 잡았던 날 밤 이후로, 우린 많은 것들을 빠르게 공유했다. 주민등록번호나 이메일, 휴대폰 비밀번호 같은 신상정보부터 트림, 방귀, 월경 같은 지극히 생리적이고 개인적인 현상들까지. 그 당시 우리의 꿈은 어서 진짜 어른이 되어 결혼하는 거였다. 서로가 '첫사랑'인 스무 살 남녀에게 사랑은 상대방의 모든 것을 소유하고 공유하는 것이었으며, 결혼은 그가 내 남자고 내가 그의 여자라고 세상으로부터 인정받는 가장 확실한 방법이었다. 결혼이야말로 우리 사랑의 완성이라 믿었다. 그러나 결혼한 지 채 1년도 안 돼서 나는 그가, 아니 그와 나의 차이가 버겁게 느껴지기 시작했다.

핵심은 계획적이냐, 아니냐였다.

그는 순간을 즐기자는 주의였고, 나는 앞날을 충실하게 계획하고 대비하는 걸 당연하게 여겼다. 이 차이는 아주 사소한 것들마저 논쟁거리로 만들었는데 예를 들면 나는 적어도 일주일에 한 번 대청소해야 직성이 풀렸고, 그에게는 더럽지도 않은 집을 청소하는 건 시간 낭비, 정력 낭비였다. 물론 이 '더럽지도 않은 상태'에 대한 기준도 극과 극이라서 그가 먼저 청소하자고 나선 일은 지금껏 단 한 번도 없었다.

청소하는 게 귀찮으면 어질지나 말든가. 그가 머물고 간 자리마다 코와 여드름 범벅인 티슈 뭉치가 너저분하게 쌓였다. 보다 못한 내가 신경질적으로 그것들을 휴지통에 처넣으면 그는 "내가 (나중에) 하려고 했는데, 당신이 (벌써) 치워버렸다."며 마치 나의 급한 성미 때문에 자신이 청소할 기회를 상실했다는 표정을 지어 나를 더 열 받게 했다.

더 밉상인 건, 우리 둘의 공동구역인 집 안 청소에는 인색한 남자가 제 몸치장에는 정성이라는 거다. 이건 뭐 내가 열일곱 살 사춘기 소녀랑 사는 것도 아니고. 샤워는 기본이 30분에, 잠깐 장을 보러 나가는 데도 머리만은 꼭 감아야 한다며 시간을 끌었다. 옷은 위아래 청청패션만 아니면 되는 사람이 왜 그렇게 머리에 집착하는지 알 수가 없었다. 정 그렇게 씻고 싶으면 미리미리 해두던가. 꼭 내가 장바구니를 챙기면 그제야 컴퓨터를 끄고 뭉그적거리며 욕실로 들어갔다.

그가 정성스럽게 몸을 씻는 동안 나는 다시 한 번 구매할 물건 목록과 예산을 확인했다. 그리고 여기저기 널브러진 휴짓조각들을 치운 뒤, 조금이라도 시간을 아끼려고 그가 샤워한 다음 입을 속옷과 겉옷을 챙겨놓았다. 누가 봐도 꾀죄죄한 얼굴에 모자를 눌러쓴 나보다 말쑥한 차림의 그가 더 부지런하고, 깔끔하고, 착한 줄로 생각하겠지.

아, 난 지금 무얼 하고 있는 것인가. 그와 내가 다르다는 건 처음부터 잘 알고 있었는데, 난 왜 10년이 다 된 지금에서야 그것들을 문제 삼는 것일까.

사실 그는 처음 만났을 때부터 한결같았다.

그는 내가 아는 이들 중 하고 싶은 것만 하고, 자기와 직접적으로 관련이 없는 일에는 일체 신경을 쓰지 않고 사는 유일한 사람이었다. 초등학교 때는 숙제를 단 한 번도 해본 적이 없었고, 고등학교까지 범위를 확대해도 그 횟수가 다섯 손가락에 꼽을 정도라고 했다. 부모님이 알면 뒤로 나자빠질 일이지만 그는 부모님은 물론 형제들의 생일도 몰랐다.

대학 때라고 다를 건 없었다. 여자 친구인 나를 만나는 시간을 빼면 온종일 중앙도서관 구석에 있는 만화방에 처박혀 <이나중 탁구부> 같은 괴짜들을 보며 히죽거렸고, 주성치 영화를 섭렵하며 시간을 보냈다. 밤에는 컴퓨터 게임을 하거나 '쿵쿵따' 같은 철 지난 오락프로그램을 시청하며 꼴딱 샜다. 그리고 다음 날 아침, 자취방 앞에서 나를 기다리며 똑같은 하루를 시작했다. 그는 두 차례 학사경고를 맞았고, 태연하게 입대를 했다.

이게 바로 콩깍지인가, 아니면 또 한 번 운명 탓을 해야 하나. 나는 그렇게 제멋대로 인 그가 좋았다. 아니, 열람실에 궁둥이를 붙이고 앉아 공무원 시험 준비를 하는 모범생들보다 훨씬 멋지다고 생각했다.

그런데 이 모든 것이 달라졌다. 그렇게 원하던 결혼을 하고 사귀던 사이가 부부로 된 다음의 일이었다. 참 전형적이지만, 그의 방약무인 같은 성미가 거슬리기 시작한 건 주방에 서 있는 시간이 길어지면서였다.

고기공장에서 일할 때. 아침에 일어나면 손가락이 퉁퉁 부어 제대로 펴지지 않을 만큼 몸이 고됐지만, 나는 퇴근한 뒤에도 맘껏 쉴 수가 없었다. 그 날 저녁 식사와 다음 날 도시락 두 개씩, 즉 성인 두 명의 세 끼 식사분을 한 번에 준비해야 하기 때문이었다. 한 끼 정도는 여기 사람들처럼 샌드위치나 햄버거로 때우면 좋으련만. 그랬다 하면 그가 어김없이 설사를 해대는 통에 그럴 수도 없었다.

매일 메뉴를 바꿔가며 하루 세끼를 한식으로 준비하는 것은, 그곳이 한국이든 호주든지 간에 엄청난 에너지와 정성을 필요로 한다. 그러나 나는 기꺼이 밥 짓는 일에 내 시간을 쏟았다. 그것이 '결혼한' 여자의 도리라고, 그것을 선택한 내가 감수해야 할 부분이라고 생각했다. 그런데 그는 나의 희생과 헌신에는 아랑곳없이 가끔 미친 사람처럼 껄껄 웃거나 내가 부르는 소리도 못 들을 만큼 초 집중해서 오로지 게임, 게임뿐이었다.

그의 게임 사랑에 처음부터 질렸던 건 아니었다. 오히려 전직 게임기획자인 그가 게임을 하는 건 당연하다고 생각했다. 게임에 몰두한 그에게 아무 말 없이 간식거리를 가져다주는 속 넓은 아내가 되고 싶기도 했다. 한국에서 쓰던 것과 비슷한 사양의 그래픽 카드와 하드가 장착된 컴퓨터를 선물한 것도 나였다. 그런데 이 상황이 몇 달간 지속되자 난 우리 관계가, 결혼생활이 매우 불공정하다고 느끼기 시작했다.

2년 동안 호주에 머물면서 내가 하고 싶은 일은 밥하는 게 전부가 아니었다. 제대로 영어 공부도 하고, 기회가 있으면 학교도 다니고 싶었다. 곧 닥칠 여행 준비도 해야 했다. 그런데 지친 몸으로 몇 시간씩 주방에 서 있다 보면 팔다리에 힘이 빠져 다른 일을 해볼 여력이 없었다. 아침에 일어나 뜨거운 물에 딱딱하게 굳은 손가락을 녹일 때마다, 성과 없이 흘러가버린 지난밤이 야속하기만 했다.

아마 몸이 더 고된 날이었을 것이다. 퇴근하고 집에 돌아오자마자 여느 날처럼 컴퓨터 앞에 앉는 걸 보고 마침내 폭발하고 말았다. 참고 참았던 만큼 분노와 실망도 더 컸다.

"내가 밥할 동안 청소라도 좀 하면 안 돼? 아니면 영어 공부라도 하던가! 나도 피곤하고 쉬고 싶다고! 나는 할 일이 없어서 몇 시간씩 이러고 있는 줄 알아?"

그가 왜 그런지 도저히 모르겠다는 얼굴로 나를 바라보았다. 한바탕 퍼붓고 나면 속이 시원해질 것 같았는데 그의 표정 때문에 더 서글퍼졌다.

내가 남편에게 기대하는 것은 돈을 얼마를 벌어야 한다거나 기념일

마다 몇 캐럿짜리 보석을 사 들고 오는 일 따위가 아니었다. 앞날에 대한 계획 혹은 현재의 충실함. 우린 더는 무얼 해도 용납되는 대학 초년생이 아니었다. 관계를 지속하기 위해서는, 상대방을 위해 무언가를 해야 할 책임과 의무가 있었다. 그리고 그럴 생각이 전혀 없어 보이는 남자와 아이를 낳고 평생 함께할 수 있을지 난 확신할 수 없었다.

그 뒤로 난 더욱 민감해졌다. 내 입에서 나오는 소리라고는 "빨리해, 어질지 좀 마, 오락 좀 그만 해."하는 잔소리들뿐이었다. 제일 심각한 건 내가 좋아서 흔쾌히 해왔던 일들이 모두 '조건부'로 변해버린 거였다.

요리도, 우리를 위해 미래를 계획하는 것도 즐겁지 않았다. 그는 여전히 저밖에 모르는데 왜 나만 이렇게 살아야 하나 싶었다. 그는 언제인지조차 모르는 그의 가족들 생일에 맞춰 선물을 사고 카드를 쓰는 일도 더는 즐겁지가 않았다. 발전 가능성이 없는 남자의 뒤치다꺼리나 하는 건 내가 바라던 결혼생활이 아니었다. 이 상태가 계속된다면 나는 정말 불행해질 것 같았다.

나는 매일 밤 고민했다. 내가 정말 이 남자를 간절히 원해서 결혼한 건지, 아니면 첫사랑을 유지하고 싶은 로망 같은 게 있었는지. 혹은 오래 사귄 의리를 지키고 싶었던 것은 아닌지.

스털링 산맥에서도 마찬가지였다. 내가 추운 걸 젤로 싫어하는 걸 잘 알면서도 에어컨을 켠 그가, 주유 등에 불이 들어올 때까지 내버려둔 그가 구제불능처럼 느껴졌다. 에어컨은 진작 꺼졌지만, 몸은 여전히 부들부들 떨렸다. 어디서부터 잘못된 것일까.

저런 사람이 뭐가 좋다고 난리였나 하는 후회는 없었다. 아니, 난 여전히 그를 누구보다도 사랑했다. 나보다 더 그를 사랑해줄 수 있는 사람은 이 세상에 없을 거였다. 내가 실망한 것은 '결혼 생활' 자체였다. 행복했던 기억마저 왜곡되고 사라지기 전에 여기서 멈추는 것이 서로에게 좋지 않을까. 인정하고 싶지 않지만 난 정말 끝을 생각하고 있었다.

신혼여행이 이별여행이 되다니. 그 실마리가 청소, 밥, 게임, 에어컨 같이 시시콜콜하고 인생에 하등 중요하지 않은 것들이라는 게 허망할 뿐이었다. 고장 난 에스컬레이터를 계단 삼아 내려갈 때처럼 어지러웠다. 올라갈 때가 더 어려울 것 같지만 등산도, 사랑도 내려갈 때가 훨씬 더 힘들었다.

봄비가 내리는 스털링 산맥 국립공원의 숲은 근사했다.

여행을 시작한 뒤 첫 비였다. 비가 오는 날엔 유키 구라모토를 듣자고 했었는데. 그런 말 따위 그가 기억해낼 리가 없었다. 하긴 떠올렸다 한들 그걸 듣고 있을 만한 분위기도 아니었다.

돌아볼 곳이 많으므로 서둘러야 한다고 어젯밤부터 그를 재촉했건만 예상치 못한 비 때문에 한 평 남짓한 차 안에 갇혀버렸다. 나는 앞좌석에 그는 트렁크에 바짝 붙었다. 마음이 떠났기 때문일까. 1미터 남짓한 거리가 아득히 멀게만 느껴졌다.

이제부터 어떻게 해야 하지? 부모님이 제일 걱정이었다. 아무 내세울 것 없는 남자와 결혼한다고 했을 때도 "네가 좋다면 더 볼 것 없다."며 믿어 주신 분들이었다. "언니 오빠처럼 사는 게 꿈이에요." 우리를 사랑의, 결혼의 정석쯤으로 여기는 후배들은 또 어쩌고.

나도 그랬다. 우리가 하는 사랑은 특별한 줄 알았다. 그런데 결국, 이렇게 끝나다니. 그 사실을 인정하기가 무척 고통스러웠다.

나는 이제 어디서 무얼 하며 살아야 할까. 사랑과 결혼에 실패한 삼십 대의 여자가 할 수 있는 일이 뭐가 있을까. 나를, 우리를 이렇게 만든 그가 무척 원망스러웠다. 눈앞이 깜깜했지만, 되돌릴 수는 없었다. 이것이 나의 한계일지라도, 평생을 후회한대도 지금은 헤어져야만 했다. 그런데 왜 이렇게 눈물이 멈추지 않는 걸까. 나는 꼼짝도 않고 가만히 앉아 있었다. 책도 눈에 들어오지 않고, 잠도 오지 않았다. 마지막 의식처럼 우리의 기억들을 떠올렸다.

가슴이 터지는 줄 알았던 첫 키스, 기숙사 앞에서 밤새워 이야기를 나누다 헤어지던 새벽의 푸르스름한 빛, 입대하던 날 끝내는 펑펑 울며 뛰어들어가던 그의 뒷모습, 술에 잔뜩 취해 그에게 업혀 가면서 실실 웃었던, 평생 그와 함께한다면 다른 것은 아무래도 좋다고 생각했던 나. 아, 왜 좋았던 것들만 떠오르는 거야. 난 그를 떠날 참인데. 그는 분명 나를 힘들게 한 나쁜 사람인데…….

비가 점점 가늘어졌다. 영원할 것 같던 분노도 조금씩 수그러들었다. 그가 비에 젖은 새처럼 몸을 웅크렸다. 하루도 쉬지 않고 대여섯 시간씩 운전하는 건 보통 일이 아니겠지. 구멍 난 티셔츠, 수염이 거뭇거뭇한 그의 거친 뺨. 침낭으로 다리만 대충 가리고 잠든 모습이 부쩍 수척해 보였다.

그때, 파란색 티셔츠 위로 지렁이처럼 가늘게 난 하얀 자국을 발견했다. 땀이 식은 뒤 소금기만 남은 거였다. 오늘 아침에 새로 갈아입었는데 웬 땀 자국이지? 풍차에 들렀을 때 말고는 밖에 나간 일도 없는데.

순간, 에어컨 소동이 머리를 스쳤다. 갑자기 온몸이 가라앉는 기분이었다. 그는 땀이 줄줄 흐르도록 참고 또 참다가 견디지 못할 지경에 이르러 에어컨을 켰던 것이다. 저 남자를, 아니 나를 어쩌지?

따지고 보면 그가 게임만 했던 것은 아니었다. 느리긴 해도 본인이 맡은 일은 어쨌거나 해냈다. 뒤뜰 정원과 내 키만 한 세 개의 쓰레기통 관리, 세차, 주기적으로 잡초를 뽑는 일과 설거지도 그의 몫이었다. 내 기분을 맞춰주는 데도 적극적이었다. 맥도널드에서 햄버거를 먹다가도 "이 노래 느낌 좋은데!" 하면 휴대폰에 녹음해두었다가 무슨 곡인지 찾아내서 내 MP3에 저장해주었다. 크리스마스나 부활절 같은 때는 같이 성당에도 갔다(비신자에게 이것은 대단한 고역이었으리라).

남들에겐 한없이 너그러운 내가 왜 그에게만 유독 까칠했던 걸까.

생각해보면 난 그가 완벽하기를 바랐던 것 같다. 그에게 '남편'으로서의 역할을 멋대로 지워 놓고 그것에 부응하지 못하면 화를 냈다. 나는 그 역시 나처럼 결핍투성이라는 걸 인정하기로 했다.

그를 좋아한 이유는 딱 하나였다.

부모님 생일은 몰라도 내 주민등록번호는 외우는 남자의 순정. 밤새 오락을 하고서도 매일 아침 등교 전에 나를 마중나오는 우직함. 그런 그를 떠날 생각을 했다니. 나 자신이 무척 잔인하고 무섭게 느껴졌다. 손만 뻗으면 닿을 거리에 있는 그가 미치도록 그리웠다.

가만히 그의 옆으로 가 누웠다. 그가 잠결에 힘을 주어 안았다. 싸운 적도 없다는 듯 따뜻하고 머뭇거림이 없는 동작이었다. 그의 입술에 얼굴을 묻자, 그가 눈을 떴다.

이렇게 사랑만으로 가득한 눈을 나는 잘 알고 있었다. 부드럽게 안아주는 것 같기도 하고, 머리를 만지는 것 같기도 하고, 네 마음 다 안다고 말하는 것 같기도 하고, 나는 언제나 네 것이라고 하는 것 같은 깊은 눈빛. 앞뒤 분간 못 하고 서로에게 달려들었던 10년 전과 똑같이 그는 그렇게 나를 바라보고 있었다.

황홀하고 행복했다. 내 청춘이 빛나는 건 그와 함께했기 때문이란 걸, 나는 그제야 깨닫고 있었다.

다음 날 스털링 산맥에서 가장 높은 봉우리, 블러프 놀에 올라갔다.

지금껏 지나온 (산이라고 하기도 뭣한) 평평하고 낮은 호주의 산들과는 달리 천 미터가 넘는 '진짜' 산봉우리였다. 나무계단으로 만든 등산로와 물이 흐르는 골짜기, 병풍처럼 펼쳐진 산맥 덕분에 우린 자주 지리산을 떠올렸다.

"신혼여행으로 지리산 종주를 다 하고!"

결혼식 다음 날, 우린 지리산에 올랐다. 취미가 진짜로 등산인 동호회 사람들은 이렇게 '기특한' 생각을 하는 신혼부부가 다 있느냐며 고기와 소주잔을 내어주더니, 우리를 산장 앞에 세워두고 기념사진까지 찍어갔다. 철쭉이 막 피어오르던 세석과 안개가 자욱한 천왕봉을 지나며 우린 어떤 약속들을 했던가. 그때는 전혀 몰랐다. 결혼이 사랑의 종착점이 아니라 새로운 시작점이라는 것을.

거기서 한 가지 약속한 게 있었다. 살면서 무슨 일이 있어도 서로에게 솔직하자고. 나는 지금이 그 약속을 지킬 때라고 생각했다.

"내가 빨래를 개거나 청소할 때 왜 안 도와줬어?"

"당신이 도와달라고 안 해서."

(그럼 맨날, 일일이 잔소리처럼 같이 하자고 해야 한다는 거야?)

"내가 도와주기를 바란다는 생각은 안 해봤어?"

"당신이 좋아서 하는 줄 알았어."

(누가 빨래를 좋아서 개냐? 순진한 거야, 아니면 생각이 없는 거야?)

"좋아서 한 거 아니야. 누군가는 해야 하니까 한 거야. 그런데 혼자 하려니 억울했어."

"미안해, 앞으론 꼭 같이 할게. 여보가 필요할 땐 언제든 얘기해줘."

(뭐야, 마치 말을 안 한 내 잘못 같잖아!)

"머리 감는 일엔 왜 그렇게 집착하는 거야?"

"내가 숱이 없잖아. 그래서 신경이 쓰여."

(아차, 그의 아버지가 떠올랐다)

"좋아. 다음부턴 내가 집에서 출발할 시간을 미리 말해줄 테니까 그것에 맞춰서 준비해줘."

"그리고 앞으로도 계획 같은 건 안 짤 거야?"

"나보다 당신이 더 잘하니까(그건 사실이었다). 그리고 난 당신이 좋으면 다 좋으니까"

"내가 싫어하는 줄 알면서 왜 맨날 게임만 해?"

"새로운 게임이 나오면 해봐야 하거든."

"내가 부르는 목소리도 못 들을 만큼 중요해?"

"그게 무슨 말이야. 당신보다 더 소중한 건 없지. 그런데 집중을 하다 보면 그만, 미안해. 앞으론 정말 조심할게."

"틈만 나면 오락만 하는 당신이 남편으로서 무책임하다고 생각했어. 그래서 원망스러웠고, 결혼한 걸 후회했어."

"미안해. 난 정말 여보를 행복하게 해주고 싶을 뿐인데. 당신이 이렇게까지 생각하는 줄 몰랐어. 정말 미안해."

이렇게 간단하고 별것 아닌 일이었다니.

사랑은 내가 말하지 않아도 그가 알아채 주길 바라는 게 아니었다. 만난 지 10년이 되었어도 상대방에게 나의 마음 상태를 솔직하게 알리고 그에 합당한 사랑을 요구해야 하는 거였다. 햇볕만 쬐주면 알아서 크겠지, 하고 내버려 두면 화초는 말라죽는다. 나는 물을 주고, 가지를 치는 사소한 일들의 중요성을 간과했었다. 최선을 다하지 않으면 행복해질 수 없다. 사랑도 그럴 거였다.

결과적으로 우리 관계에 있어 바닥을 쳐본 것은 내 삶이 호주 이전과 이후로 나뉘게 될 만큼 굉장히 의미 있는 일이 되었다. 비온 뒤 땅이 굳는 것처럼 더 성숙한 사랑을 키워내기 위해 반드시 거쳐야 할 시련이었다.

지나고 보니 둘이 하는 여행은 길눈이 어두운 남자와 지도는 읽을 줄 모르는 여자가 서로 도와가며 목적지에 도달해가는 훈련이었다. 채소를 좋아하는 여자와 고기를 좋아하는 남자가 서로 이해하려고 노력하는 과정이었다. 그날 이후로 나는 더는 첫사랑이니, 영원함이니 하는 것들에 목매지 않기로 했다. 그와 나의 사랑에 대해 정의 내리려는 노력도 하지 않았다. 지금 이 순간, 옆에 있는 사람을 열렬히 사랑하면 그만이었다. 그저 더 깊이 그를 이해하고, 있는 그대로의 그를 사랑하고 싶을 뿐이었다.

  속 깊은 이성 친구처럼 지내던 두 주인공 동진과 은호도 똑같은 상대와 다시 결혼했다. 뻔한 결론이라 해도 난 그것이 무척 마음에 들었다. 그래도 우린 다행이지 않은가. 동진을 사랑했던 유경처럼 선의의 피해자는 없었으니.

퍼스(Perth)

반환점

여행자에게는 꽤 좋지 않은 습관인데 나는 날씨에 민감한 편이었다. 비가 오면 우울해지고, 바람이 불면 쓸쓸했고, 그러다 해가 뜨면 다시 생기가 돌았다. 좋아하는 꽃을 물어오면 망설임 없이 해바라기라고 답할 때도 있었다. 해만 쫓는 본성이 닮았다고 생각해서였다. 그러고 보면 내가 퍼스를 사랑하게 된 건 우연이 아니다. '빛의 도시'라고 부르고 싶을 만큼 10월 초 퍼스의 날씨는 완벽, 그 자체였다.

세상의 모든 것이 자체발광하는 것처럼 눈부시게 맑고 화창한 순간

이 있다. 퍼스는 그러니까 도시 전체에서 그런 빛이 뿜어져 나오고 있었다. 신이 작정하고 엄청난 장대비를 뿌려 모든 먼지와 불순물을 걷어낸 뒤, 새롭고 맑은 빛으로만 가득 채워놓은 것 같았다. 고층 건물 유리창에 반사된 하늘은 더욱 파랬고, 담벼락에 드리워진 회색 그림자마저 진하고 선명했다. 이렇게 빛나는 도시는 처음이었다.

퍼스에 들어섰을 때만 해도 우린 무지하게 허둥댔다. 갑자기 늘어난 차선에 우왕좌왕하는 사이, 시내로 직행하는 2번 고속도로에 들어선 지한참 됐다는 걸 알았다. 하긴 어디 퍼스뿐이랴. 2차선의 고속도로가 끝나고 대도시에 들어설 때마다 우린 매번 주눅이 들었다.

다행히 우연히 들른 한 쇼핑몰에서 한인상점을 발견했다. 모국어가

통하는 사람들이 그렇게 반가울 수가 없었다. 심성은 또 어찌나 곱고 친절하던지. 단기간 머물 곳을 구한다니까 마트 주인은 계산대 안쪽의 노트북을 내주며 인터넷으로 검색할 시간을 주었고, 우리 또래 정도로 보이는 남자 직원은 적당한 곳을 못 찾으면 연락하라며 본인의 전화번호를 주고 갔다.

시드니를 비롯한 대도시들은 한인 커뮤니티가 무척 활발하다. 웹사이트에는 집, 차 같은 생활용품과 일자리를 사고팔려는 이들의 광고가 매일 올라왔다. 그 덕분에 우린 마음에 쏙 드는 숙소를 발견했다.

도심에서 약간 떨어진, 유학생 남매와 워홀러 등 네 명의 한국인이 사는 낡은 주택이었는데 비용이 환상적이었다. 단돈 180달러! 카라반 파크의 캐빈에 묵으면 이틀이면 끝날 돈으로 일주일을 머물 수 있었다. 칠이 벗겨진 간이 옷걸이와 작은 텔레비전 하나, 책상도 하나, 결정적으로 싱글 침대 두 개가 서로 다른 벽을 보고 있는 트윈룸이었지만 상관없었다. 비용만 아낄 수만 있다면 우린 이층침대도 마다할 생각이 없었으니까.

사실 좀 낡았다 뿐이지 편안하고 고즈넉한 집이었다. 작은 침대에는 햇살에 바짝 마른 침대 시트와 따뜻한 하늘색 담요가 덮여 있었고, 창문을 열면 아침저녁으로 산뜻한 바람이 불어왔다. 그때마다 나무로 된 블라인드가 서로 부딪치며 절에서 나는 풍경 소리를 냈다. 그리고 한국에 있는 것 같은 착각이 들 만큼 빠른 인터넷 속도란! 그동안 밀린 <무한도전>을 다운받아 보며 밤새워 낄낄거리기에 안성맞춤인 곳이었다.

도시에서 반드시 해야 하는 첫 번째 임무는 차량 정비다. 특히 하니

같이 연식이 오래된 차로 여행할 경우 더욱 그렇다. 퍼스에 도착한 다음 날, 우린 다시 웹사이트에 접속해 우리에게 가장 적합한(저렴한) 서비스를 제공하는 한인 정비소를 찾아냈다. 여행 전에는 동네에 있는 로컬 정비소를 다녔지만 여행한 뒤로는 일부러 한인 업체를 찾아간다. 일단 말이 통해서 좋고, 이민자들의 분위기도 엿볼 수 있어서 재밌다. 기왕 나갈 돈, 내 동포한테 쓰자는 생각도 있었다.

그 동포애가 통했나. 한국어와 일어가 나란히 적힌 간판이 달린 정비소 사장이 하니를 점검하는 동안 시내를 돌아보라며 낡은 코롤라 키를 내주었다. 우린 곧장 킹스 공원으로 내달렸다. 퍼스에서 가장 궁금했던 곳이었다. 고층건물로 빽빽한 시내를 관통해 공원 입구에 다다르자 하늘로 쭉쭉 뻗은 가로수들이 등장했다. 여기부터가 공원이라는 전형적인 도입부였지만, 도시의 소음을 완전히 차단해 버린 그곳에서 난 이미 절반은 감동해버렸다.

이건 순전히 내 가이드북의 설명인데 '세계에서 가장 크고 훌륭한 공원'으로 손꼽히는 킹스 공원은 내가 상상하는 공원의 모든 것을 갖추고 있었다. 온종일 굴러다녀도 끝이 없을 것 같은 널따란 잔디밭과 한가롭게 커피와 수다를 즐기는 사람들, 한눈에 들어오는 도시의 전경. 산책로를 따라가다 보면 식물원이 나왔고, 원주민 갤러리, 전망대, 놀이터와 바비큐 시설, 그리고 도심까지 운행되는 무료 버스와 무료 주차장까지 무엇 하나 뺄 게 없었다.

공원은 마침 야생화 축제가 한창이었다. 닭발같이 생긴 캥거루 발톱(The Red and Green Kangaroo Paw, 웨스턴오스트레일리아를 상징하는 꽃이다)부터 당최 이것이 꽃인지, 나무인지, 선인장인지 정체를 알 수 없는 희한한 생명체가 곳곳에 가득했다. 커다랗고 새빨갛고, 새하얗고, 새파란 꽃들 사이에 자리 잡은 작은 회녹색, 노란색 꽃봉오리들. 꽃을 따라 한참을 걷던 우리는 시내가 내려다보이는 전망대 앞에서 멈췄다. 하늘만큼 푸른 스완 강이 도시를 감싸며 호수처럼 잔잔하게 흐르고 있었다.

퍼스. 내가 정말 여기에 서 있다니. 그것만으로도 무척 감격스러워 한참을 멍하니 서 있었다. 여행을 시작한 지 한 달이 다 되었다. 어리바리했던 첫날밤부터 우드나다타 트랙, 레드 센터, 지난했던 눌라보 평원과 에어 고속도로를 횡단한 끝에 도착한 웨스턴오스트레일리아. 시작할 때만 해도 코끝이 얼얼할 만큼 추웠는데 지금은 모자와 선글라스 없이는 바깥에 1분도 서 있기 힘들 정도로 더웠다.

머릿속에 지도를 펼치고 지금까지 지나온 길을 형광펜으로 그어 보았다. 널따란 지도 한가운데의 중간에서 시작해 왼쪽으로 좌우가 바뀐 ㄴ자 모양의 선이 그려졌다. 지독하게도 큰놈의 땅. 여행의 출발지였던 애들레이드까지 2,700킬로미터, 다음번 대도시인 다윈까지는 거기다 1,300킬로미터를 더한 4,000킬로미터가 떨어져 있다. 진짜, 이젠 돌아가고 싶어도 섣불리 그럴 수 없을 만큼 멀리 와 버렸다.

퍼스는 일종의 반환점이었다. 여행을 시작할 때, 못해도 퍼스까지는 가봤으면 했다. 물론 전체 일정으로 치면 사분의 일도 안 되는 시간과 거리에 불과하지만, 그만큼 퍼스에 대한 심리적, 물리적 거리는 아득하기만 했다. 반환점에 도달했으니, 못해도 반은 왔으니 앞으로는 좀 더 여유롭게 갈 수 있겠지. 다행히 하니의 상태도 특별히 더 나빠지진 않은 모양이었다. 엔진오일과 오일 필터를 교환하고 브레이크 패드만 교체하기로 했다. 비용은 260달러. 이 정도면 가뿐했다.

나에겐 여행 때마다 나타나는 고질병이 있었다. 정해진 시간과 돈으로 최대한의 것을 얻어내야 하는 가난한 여행자의 강박증 같은 건데 예를 들어 가이드북에 나오는 곳은 일일이 가봐야 안심이 된다든가, 무조건 싸고 저렴한 것이 이득이라는 생각이 그랬다. 개인적인 만족도는 늘 그다음이었다.

사실 많은 이들이 선호하는 데는 그만한 이유가 있다. 그런데 그게 함정이기도 했다. 가이드북은 너무 자세했고, 인터넷은 최신 사진으로 넘쳤다. 반드시 먹어봐야 할 음식 리스트에, 심지어 특정한 장소에서 보고 느껴야 할 감정까지도 모범 답안지처럼 제시된 지경이었다. 그러므로 나 같은 후발주자가 하는 일이라곤 가이드북이나 먼저 다녀간 이들의 평가가 맞나 틀리나를 감별하는 것 이상도 이하도 아니었다. 틀에 박힌 여행은 죽도록 싫은데 막상 다른 방법을 대보라면 말문이 막혔다.

그런데 이번에는 달랐다. 난 더는 대중교통 시간표에 얽매여 있는, 매일 밤 저렴하면서도 괜찮은 숙소를 찾아 골목을 헤매야 하는 배낭여행자가 아니었다. 무엇보다 내가 가진 이 모든 강박에서 자유로운 그가 있었다.

서호주의 주도인 퍼스 역시 볼 것, 먹을 것, 할 것들이 넘쳤다. 가이드북만 보면 일주일을 다 쏟아 부어도 모자랄 것 같았다. 하지만 나는 퍼스에서는 아무것도 하지 않기로 작정했다. 프리맨틀에서 카푸치노를 마시고 스완 강을 둘러싸고 있는 포도주 양조장을 돌아보는 대신 방 안에만 처박혀 있기로.

대신 사소한 것들에 정성을 들였다. 블라인드 틈으로 부드럽게 스며드는 햇살에 감탄하며 그리운 이들에게 엽서를 썼고, 다음 날 아침 우체국으로 가 전날 쓴 엽서를 부쳤다. 메밀국수, 비빔국수같이 평소에는 꿈도 못 꿀 요리도 맘껏 해 먹었다. 밤새워 한잠도 안 자고 드라마를 봤다. 한 달 동안 먹을 음식재료를 사재기하며 부자가 된 것 같은 기분을 만끽하기도 했다. 학교 다니느라, 돈 버느라 제대로 여행할 기회가 없었던 이 집 식구들에게 에스퍼란스를 적극적으로 추천한 것도 의미 있는 일이었다(이들은 몇 주 뒤 그곳에 다녀왔고, 굉장히 만족했다는 연락을 해왔다).

무엇을 해도, 아무것도 하지 않아도 좋은 날들. 할 것이 넘치는 도시에서 일상처럼 지내는 것이 그렇게 만족스러울 수가 없었다.

사실 퍼스는 호주 여행의 반환점만이 아니었다. 뭐가 됐던 철저히 준비하고, 계획하고, 그것에 따라 움직이던 나의 패턴에 변화가 일어난 시점이었다.

난 늘 무언가를 하느라 바빴다. 한 번에 한 가지 일을 한 적이 없었다. 요리할 땐 영어 문법 동영상 강의를 틀어두었고, 대학 때도 학보사와 동아리 두 가지를 욕심내다 어느 것 하나 제대로 못 했다. 일상에선 여행이 그리웠고, 여행할 땐 여행이 끝난 뒤의 일을 걱정했다. 그것이 때로는 내 몸과 마음을 망가뜨렸지만 멈추지 못했다. 그것만이 내 인생에 최선을 다하는 길인 줄로만 알았기 때문이다.

하지만 더는 아니었다. 요리할 땐 요리만 하고 싶었다. 여행을 가서 영어 문법책 같은 것은 들추고 싶지 않았다. 순간에 몰두하고 싶었다. 나를 스쳐 가는 바람과, 땅과, 하늘과, 내 옆에 있는 사람과 온전히 하나가

되고 싶었다. 그리고 호주가 나를 변화시켜 가고 있다는 걸 나는 어렴풋
이 느끼고 있었다.

퍼스를 떠나기 전, 다시 한 번 킹스 공원에 들렀다. 천천히 걷다가 파
라솔이 쳐진 야외 식당에서 점심을 먹었다. 그리고 지난번에 봐두었던,
1리터쯤 돼 보이는 엄청나게 큰 포도 맛 슬러시를 후식으로 들이켰다.

"참 아름다운 도시다."
"응, 누구라도 살고 싶어 할 만큼."
"다시 올 수 있겠지?"
"당신이 원한다면 언제든."

그의 말을 다 믿은 건 아니었다. 호주는, 특히 퍼스는 원한다면 언제
든 올 수 있는 '가까운' 곳이 아니니까. 그래도 그렇게 말해줘서 고마웠
다. 그는 맘에 없는 말은 안 하는 사람이므로, 그가 하는 말은 왠지 다
이뤄질 것만 같았다.

공원을 나와 시내에 들렀다. 그늘진 벤치에 앉아 꾸벅꾸벅 조는 백발
의 노인들과 요란한 중국 단체 여행객들 사이를 빠르게 걸었다. 그리고
매장에 들러 오리발을 샀다. 꽉 찬 일주일이었다.

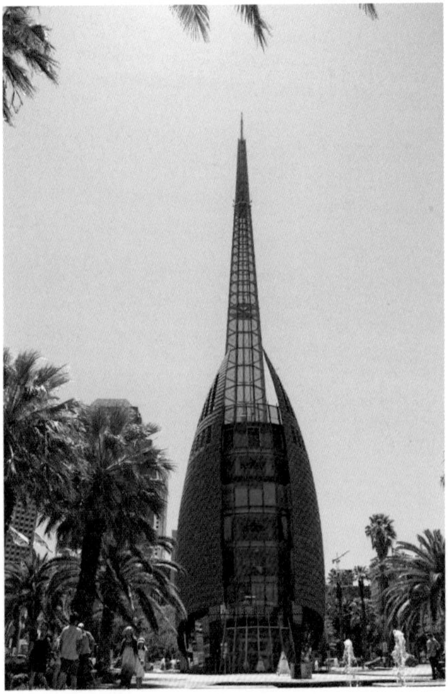

Warted Yate, *Eucalyptus megacornuta*

칼굴리(Kalgoorlie)

이방인

웨스턴오스트레일리아 북부로 이동하기 전, 퍼스에서 내륙으로 600킬로미터 오지에 있는 세계적인 금 생산지, 칼굴리에서 한 달을 지냈다. 레스토랑의 주방보조로 일할 기회가 생겼기 때문이었다.

일주일 동안 제대로 퍼질러 있던 탓인가. 한껏 늘어진 몸과 마음을 차에 구겨 넣고 온종일 차 안에만 있으려니 좀이 쑤셨다. 창밖의 풍경마저 온통 지루한 황토색이었다. 불과 몇 시간 전, 맑은 공기와 햇빛으로 반짝거리던 도시에 있었다는 게 믿기지 않았다.

칼굴리는 1893년 아일랜드인 패디 하난(Paddy Hannan)에 의해 금맥이 발견된 이후 지금까지 호주에서 가장 많은 금을 캐내는 금광 도시다. 울루루 높이만큼 깊고, 반경도 이에 맞먹는다는 거대한 노천 광산 슈퍼 피트(Super Pit)는 명성이 자자했다. 그러나 내가 이 도시가 궁금했던 건 바로 물이 없는 곳이기 때문이었다.

'오지'라는 말 자체가 생명체가 살기 힘든 장소란 뜻이고, 호주 땅의 대부분이 오지이며, 물이 부족하다. 하지만 아무리 양보해도 다른 지역에서 물을 끌어와야 할 만큼 건조한 곳에 인구 3만 명이 넘는 도시가 유지된다는 건 쉽게 이해가 가지 않았다. 그런데 그 어떤 악조건도 금을 캐내서 한탕 하고 싶은 인간의 의지를 꺾을 수는 없었으니, 퍼스 근교 문다

링(Mundaring)의 댐에서 칼굴리로 이어지는 세계에서 가장 긴 담수 수송관(Golden Pipeline)은 그렇게 만들어졌다.

칼굴리로 가는 이스턴 고속도로(Eastern Highway)를 달리는 동안 종종 그 파이프라인의 실체를 볼 수가 있었다. 그때마다 나는 19세기에 금을 찾아 칼굴리로 모여들었던 행렬 일부처럼 느껴졌다. 하긴, 21세기를 사는 나도 엄밀히 말하면 돈을 벌기 위해 그곳으로 가는 중이었다.

해가 지고 나서야 목적지에 도착했다. 황량하고 텅 빈 고속도로의 끝에서 우릴 기다리고 있던 건, 놀랍게도 활기 넘치는 타운이었다. 낙타가 금을 실어 나르던 시절에 만들어진 도로는 시원하게 일직선으로 뻗어 있었고, 양쪽으로 빅토리아풍의 이국적인 호텔과 레스토랑, 펍이 줄지어 있었다. 회사 셔틀버스에서 내린 금광 노동자들과 서비스업 종사자들이 한가롭게 혹은 빠른 걸음으로 그 사이를 지나다녔다.

익숙하지만 어딘가 이질적인 분위기. 마치 이 도시가 만들어질 당시로 불시착한 느낌이랄까. 나는 <센과 치히로의 행방불명>의 어린 여자 주인공이 된 기분이었다. 특히 세워진 지 100년이 넘었다는 호텔 입구에서 자랑스럽게 빛나던 '오늘의 광물 시세' 전광판을 보는 순간, 짧은 탄성이 새어나왔다. 금이 일궈낸 도시, 금이 불러온 사람들. 이렇게 정체성이 분명한 도시는 처음이었다. 그렇게 우리는 골든 스테이트(Golden State), 부유한 서호주의 실질적인 공로자와 마주하게 되었다.

내가 한 달 동안 일한 곳은 일본, 태국음식을 파는 식당이었다.

첫날 아침. 식당까지 걸어가기로 했다. 1.5리터 페트병에 물을 반만 채우고 이어폰을 꽂은 다음 운동화 끈을 단단히 조여 맸다. 처음 나서는 길이지만, 도시가 작으니 넉넉잡아 2시간이면 충분할 것 같았다.

캠핑 여행의 단점은 몸이 둔해진다는 거였다. 하루 대부분은 차로 이동하는 데 쓰였고, 멈춰서 하는 일이라곤 밥을 해먹거나 낮잠을 자는 일이다 보니, 둘 다 눈에 띄게 배와 엉덩이가 묵직해졌다. 그래서인지 두 발로 땅을 밟고 서서 빠른 걸음으로 걷는 게 새삼 즐거웠다. 나는 걸음마에 재미를 붙인 돌배기 아이처럼 신 나게 걷다가 잠깐 멈춰서 물을 마시고 숨을 고른 뒤 다시 걷기를 반복했다.

그런데 너무 '걷는' 일에만 몰두했나. 시간상 이미 시내에 들어섰어야 하는데 나는 여전히 주택가를 맴돌고 있었다. 아무리 지도를 뚫어지게 들여다봐도 내가 서 있는 곳이 어딘지 전혀 감이 안 잡혔다. 휴대폰의 내비게이션을 켰다. 자동차에 달아놨을 때는 이리 가라, 저리 가라 시끄럽게 잘도 떠들어 대더니 내 걷는 속도에는 영 반응이 없었다. 그러게 남편이 설명해줄 때 집중해서 들을걸. 그에게 전화했다간 걱정만 할 테고, 출근 첫날부터 사장에게 전화해서 길을 잘못 들었다고 도와달라고 하는 건 자존심이 상했다.

사실 아무리 헤매고 돌아다닌다 한들 일을 시작하려면 여전히 한 시간이나 남았기 때문에 걱정할 필요는 전혀 없었다. 여차하면 콜택시를 부르면 됐다. 그런데 왜 그렇게 가슴이 벌렁거리던지. 길을 잘못 들었다는 것을 안 순간부터 난리법석이었다.

지나가는 사람에게 물어보면 금방 해결될 텐데, 어찌 된 일인지 고양이 그림자 하나 보이지 않았다. 대부분이 금광에서 일한다더니, 다들 어젯밤에 본 셔틀버스에 다시 올라타고 한꺼번에 마을을 떠나기라도 한 모양이었다.

한 사람만 나와라, 딱 한 사람만. 그때, '공무수행 중'이라는 커다란

스티커가 붙은 노란 트럭이 골목에서 나오다 말고 멈추는 게 보였다. 둥글둥글하고 폭신하게 생긴 아저씨가 내 쪽으로 걸어왔다. 이 기회를 놓치면 안 된다!

"여기가 어디죠?"

다짜고짜 그의 코 밑에 지도를 디밀었다. 다급한 내 행동도 우스웠지만, 그도 이 상황이 어색하긴 마찬가지였나 보다. 내가 있는 위치와 가야 할 방향을 표시해 주더니 간다는 말도 없이 뚜벅뚜벅 차로 걸어가 버렸다.

우리에게 말을 걸어오는 호주인의 99퍼센트 수다쟁이였다. 어디서 왔느냐, 여기는 얼마나 머물 예정이냐. 동양인 여행자가 거의 없는 내륙 지방일수록 관심은 더욱 커졌다. 한 남자아이가 "헬로우~ 니 하오 마~ 곤니찌와~"하면서 졸졸 따라온 적도 있었다. 그간의 경험으로 보면 이 아저씨는 나머지 1퍼센트에 해당하는, 낯선 이에게 일부러 말을 걸 만큼 활발한 성격이 아니었다. 그런데도 길을 헤매는 것 같은 나를 그냥 지나치지 않았다.

한 블록만 더 내려가서 우회전하면 된다니까 서두를 것도 없고, 고맙다는 인사도 못 한 아쉬움에 그가 올라탄 트럭만 올려다보고 있었다. 그런데 운전석의 창문이 열리더니 둥글둥글 폭신하게 생긴 얼굴이 다시 나타났다. 그리고 손바닥에 입을 맞춘 뒤 번쩍 들어 올리며 환하게 웃었다.

내가 보낸 문자에 답장 한 번 안 보내는 무뚝뚝한 노총각 시아주버니가 내 생일에 미역국을 끓여준다면 이런 기분일까? 편견도, 변화도 이렇게 사소한 일에서 시작되는 경우가 많았다. 나는 이런 일이 몇 번 더 반복된다면 한 달 뒤 이곳을 떠날 때 눈물을 펑펑 쏟을지도 모른다고 생각했다. 트럭이 떠나고 다시 넓은 도로에 혼자 서 있었지만 더는 무섭지 않았다. 그리고 이 도시가, 사람들이 궁금해지기 시작했다.

'크루아 타이'에는 다섯 명이 일하고 있었다. 나이도 국적도 제각각이었다. 주방장이자 주인인 타이지(Taiji)는 일본 사람, 그의 아내이자 나를 고용한 킴(Kim) 언니는 한국 사람, 점심시간 홀 담당 비(Bee)와 저녁 시간 홀 담당 펜(Pen)은 태국 사람(태국인들은 상대적으로 영어를 잘해서 홀을 맡았다), 그리고 베트남 사람 융(Dung). 타고난 성품인지 태국 출신의 두 여자는 상대적으로 여유를 부렸고, 그 틈새를 빠릿빠릿한 베트남 언니 융이 채우고 있었다. 나는 한 달 동안 태국으로 휴가를 가는 비 대신 일할 예정이었다.

주방에는 일어와 영어, 한국어가 골고루 떠다녔다. 각자 알아서 제 역할을 잘하기도 했지만, 분위기가 화목했던 건, 킴 언니와 타이지 부부 덕분이었다. 말이 없는 일본인 남편과 귀여운 한국인 부인은 무척 잘 어울렸다. 식당도 잘 돼서 내 일처럼 기분이 좋았.

주방보조 일은 특별히 어려울 건 없었다. 타이지 옆에서 열심히 프라이팬을 닦다가 눈치껏 바쁜 일을 거들면 됐다. 그는 남의 일에 전혀 상관하지 않는(체 하는) 편이었는데, 일하는 동안 그에게 지적을 당한 것은 첫날 저녁, 정신없이 밀려드는 프라이팬에 포위된 내가 스피드와 정확성 사이에서 후자를 포기하기로 마음먹었을 때뿐이었다.

"미안하지만, 깨끗이 닦아 주세요."

내가 잘해서 인지, 아니면 기대를 접은 건지. 아무튼 그 뒤로 더는 말이 없었다. 그러나 나는 신이 났다. 그가 믿고 맡겨주었다는 생각에 더 열심히, 빠르고 정확하게 프라이팬을 닦았다. 말수가 적으면 대개 무뚝뚝할 것 같지만, 반드시 그런 것도 아니었다. 그는 가게 뒤뜰을 어슬렁거리는 도둑고양이 무리를 위해 말없이 생선 초밥이나 참치 따위를 챙겨놓았고 우리에게 늘 자신의 맥주를 건넸다.

사람 좋기는 킴 언니도 마찬가지였다. 사실 외국에서 한국인과 일하는 건 무척 불편한 일이다. 더구나 그들의 집에서 얹혀사는 신세다 보니 더 부담이었다. 무료로 숙식을 제공한다는 전제하에 시작한 일이었지만, 눈칫밥을 먹거나 일과 사생활의 경계가 모호해질 가능성도 있었다. 그런데 그녀는 자신의 지위를 무기 삼은 적이 단 한 번도 없었다. 오히려 가끔은 우리가 한집에 있다는 것만으로도 만족스러운 표정을 짓곤 했다.

"한국말로 수다를 떨고 싶을 때가 제일 힘들어."

그 무렵 이들 부부는 중대한 결정을 앞두고 있었다. 주방장을 한 명 더 고용할 것인가 말 것인가. 고용한다면 한국인? 아니면 일본인?

대도시에서는 매일같이 벌어지는 일이지만, 여긴 퍼스에서도 하루를 더 달려와야 하는, 채용하는 사람도 지원하는 사람도 몇 배는 더 심사숙고해야 하는 오지였다. 마침내 킴 언니는 시드니에서 주방 보조 일을 하던 한국인 커플을 최종 선택했다. 영주권이 목적인 이주자와 몇 년 동안 안정적인 노동력을 확보할 수 있는 사업주가 공생하는, 이른바 '스폰서 비자'의 관계였다. 킴 언니는 우리 부부 덕분에 한국 사람과 같이 일해도 좋겠다는 확신을 했단다. 그러니까 우린 일종의 스파링 상대였다.

그녀의 진심 어린 찬사가 고마웠던 나는 업무 외에도 그들과 자주 어울리려고 노력했다. 그녀가 개인적인 쇼핑을 할 때도 함께 했고, 일본과 시드니를 거쳐 여기 사막까지 오게 된 그들의 사연을 들으며 밤을 새우기도 했다. 쉬는 날에는 넷이서 뒤뜰을 꾸미거나 포도주에 삼겹살을 구워 먹고, 찐 새우가 듬뿍 들어간 베트남 쌈을 해 먹으며 일본과 한국, 아름다운 호주에 대해 이야기했다.

콧구멍 속까지 말려버릴 것 같은 건조한 날씨도, 일도 점차 익숙해졌다. 제대로 들기조차 힘들었던 무거운 스테인리스 프라이팬이 내 손목 안에서 자유자재로 움직였다. 나를 알아보는 손님이 하나둘 늘었다. 어느 순간 난 그들을 기다리고 있었다.

"안녕히 가세요, 또 오세요, 좋은 하루 보내세요."

기계적인 인사에 진심이 담기는 순간, 이 가게는 내 가게, 우리 가게가 되었고, 손님들과는 친구가 되었다. 홀에서 박장대소가 터져 나올 때면 그들의 아름다운 저녁에 내가 한 몫하고 있다는 생각이 들어 어깨가 들썩였다.

무엇보다 우리는 타이지의 요리에 푹 빠져들었다. 그중에서도 나는 태국식 볶음면인 팟타이 누들과 두툼한 고기가 듬뿍 들어간 그린 카레를 무척 좋아했다. 하루 세 끼, 일주일 내내 이것만 먹고 싶을 정도였다. 식은 것은 뜨거운 밥에 비벼 먹었고, 하도 먹어서 느끼하다 싶으면 김에 싸 먹거나 고추장을 조금만 넣어 비벼도 훌륭한 요리로 재탄생했다. 방귀를 뀌면 카레 냄새가 날 정도로 먹고 또 먹었다. 한 달이면 질릴 법도 한데 정말이지 그의 음식은 매번, 똑같이 맛있었다. 순전히 그의 요리 때문에 많은 이들이 열광하는 태국이, 카오산 로드가 궁금해질 정도였다.

그리고 한 달 중 마지막 일주일. 나는 갑작스러운 쇼핑중독에 빠져들었다. 내가 혹했던 것은 '전 품목 세일', '단독 5$' 같은 선전 문구로 창이 도배된 저가 브랜드였다. 마침 그 가게는 우리 식당에서 몇 블록밖에 안 떨어져 있었다. 나는 출근 전에 들러 좌판에 산더미처럼 쌓여 있는 옷더미들을 뒤적거렸고, 일하는 동안 틈틈이 무얼 살까 신중히 고민하다 점심시간에 나가 사 들고 왔다.

호주의 특산품은 각종 보석류, 소고기, 양가죽, 포도주, 과일과 비타민, 오메가 쓰리나 꿀 같은 천연 제품들이다. 인구가 적어서인지 아니면 처음부터 수입하는 게 효율적이라고 판단한 건지, 마트나 백화점에 진열된 공산품은 거의 수입품이었다. 그런데 물건 대부분은 도대체 이런 걸 어디서 가져오는지 궁금할 정도로 허접스러웠다. 우체국에 쌓여 있는 누런 공책은 내가 유치원 때도 본 적이 없는 것들이고, 옷도 싸구려 천과 조잡하고 유치한 디자인 일색이었다. 책은 또 어찌나 비싼지, 한국에서 2만 원이면 무료배송에 시디까지 끼워 주는 영국산 영어교재가 여기선 책값만 무려 10만 원에 달했다.

사정이 이러니 대놓고 세일중인 것들의 수준이야 말할 것도 없었다. 얼마나 대충이었는지 티셔츠 부분에서 바지가 계속 나왔다. 하지만 마구잡이로 쌓여 있는 옷가지를 뒤적이는 일은 묘한 중독성이 있었다. 마치 춤추는 빨간 구두라도 신은 것처럼, 나는 뒤적이고 쌓는 일을 멈출 수가 없었다. 레스토랑 일 말고, 집에서 밥하고 빨래하는 것 말고 몰두할 수 있는 다른 일이 있다는 것도 좋았다. 거기다 단돈 5달러라니! 이런 것들은 안 사면 손해였다.

하도 여러 날 들락거리다 보니 이전에는 한 번도 시도해본 적이 없는 스타일에도 눈이 갔다.

어느 날은 짧은 청반바지와 목에 끈을 묶어 고정하는 탑이 너무 근사해 보였다. 나보다 훨씬 더 뚱뚱하고 별 볼 일 없는 몸매의 호주 여자애들도 아무렇지 않게 입고 다니는데 나라고 안될 이유 있나 싶었다. 적당해 보이는 사이즈를 집어 들고 당당히 탈의실로 들어갔다.

그런데 이놈의 매장에는 날씬해 보이는 거울도 없나? 그래도 여행하면서는 동안이라는 말도 꽤 들었는데(백인들은 동양인들을 보면 무조건 열 살은 어리게 보는 경향이 있는 것 같다) 거울 속의 여자는 어린 애들의 옷차림이나 헤어스타일을 따라 하면서 늙기를 거부하는 불쌍한 중년의 여자 같았다. 시커멓게 탄 얼굴과 떡 벌어진 허연 어깨가 이토록 조화롭지 못할 줄이야. 도발적이기를 기대했던 짧은 팬츠는 허벅지의 셀룰라이트만 부각시킬 뿐이었다.

어쨌든 간만에 발동이 걸린 쇼핑 욕구는 '전 품목 세일' 포스터가 사라질 때까지 계속됐고, 옷값에만 들어간 돈이 무려 110달러였다. 5달러, 10달러짜리를 도대체 몇 개나 집어 왔단 말인가.

무더운 하루하루는 꽤 느릿느릿 지나갔는데 한 달은 금방이었다.

떠나기 전 주말, 베트남 욤 언니가 자기 집으로 초대했다. 약속 시각보다 10분 먼저 도착했는데도 그녀는 대문 앞에서 목을 빼고 기다리고 있었다. 우리 할머니같이.

욤을 보면 선천적으로 잘 어울리는 민족성이라는 게 있나 싶었다. 나는 대체로 태국인보다는 베트남인과 더 잘 맞았다. 욤은 처음부터 친절했다. 첫날부터 잘한다고 칭찬을 해주더니 내가 혼자 홀에 나와 있을 때는 치킨가스나 만두 같은 것을 몰래 튀겨 주었다. 심하게 건조하고 무더운 날씨에 적응하지 못하고 감기몸살을 앓을 때는 내 주머니에 에너지 바를 쑤셔 넣어주기도 했다. 내가 그렇게 좋았든가, 아니면 밥도 못 먹고 다닐 만큼 불쌍해 보였든가 둘 중 하나였으리라.

식도락의 나라 베트남 출신이니 담백한 쌀국수 정도는 먹을 수 있지 않을까 내심 기대했던 나는, 집 안에 들어서자마자 그것이 철없는 생각이었음을 알았다. 간만의 외출에 들떠 깨끗하게 차려입고 화장까지 하고 간 것이 미안할 만큼 무척 낡고 초라한 집이었다. 거기서 다른 베트남 가족과 함께 여덟 명이 살고 있다고 했다. 커튼으로 대충 벽을 만들고 침대 하나를 들여놓은 공간에서는 신생아가 칭얼대고 있었고, 그녀에 재촉에 못 이긴 남편이 피곤한 몸을 질질 끌다시피 하며 거실로 나왔다. 그는 영어를 거의 못했다.

하필 선풍기가 헤어드라이어 같이 느껴질 만큼 무더운 날이었다. 좁은 식탁에는 게맛살과 새우 베이컨 말이, 감자튀김, 큼직하게 썰어진 토마토와 오이가 차려져 있었다. 낡은 집의 좁은 주방에서 씻고, 썰고, 튀기고 했을 걸 생각하니 차라리 오지 말 걸 그랬나 하는 생각마저 들었다. 맛있게 먹고 싶었지만 없는 살림을 축내는 것만 같아 그러지도 못했다.

현재 호주 사회에서 이민은 일정한 인구를 유지하기 위한 핵심 장치이다. 유학을 비롯해 이민자를 대상으로 한 비즈니스 규모가 상당하기 때문에 이민법의 수위를 적절히 조절하는 것은 매우 민감하고 중요하다. 노던테리토리나 사우스오스트레일리아, 특히 칼굴리 같이 인기가 없는 오지일수록 이민자 수용정책이 좀 더 유연하다.

사람들은 왜 호주에 이민을 하는 것일까. 아마 독자 중에는 이 같은 고민을 하는 분들도 상당수 있으리라 생각된다.

여행자가 보기에 호주는 한마디로 '다른 세상'이었다. 최저 임금만으로도 그럭저럭 살 만하고, 사회보장제도가 비교적 잘 되어 있었다. 그러다 보니 사람들은 돈에 연연하기보다 캠핑 같은 여가 생활 즐기기에 더 몰두했다.

하지만 이민자로서의 삶은 절대 만만하지가 않다. 여기가 호주라서가 아니다. 늘 조국과 부모 형제를 그리워해야 하는, 로컬들과 100% 교감하기 힘든 이민자들의 숙명이 그렇다는 얘기다. 유럽, 미주 같은 영어권이 아닌 아시아 출신들의 고통은 더 했는데, 어쨌거나 호주는 백인 위주의 사회이기 때문이다.

특히 한국 이민자들의 이중적인 삶이 안타까웠다. 팍팍한 삶을 물려주기 싫어 어렵사리 선택한 삶이건만, 부모들은 자식에게 다시 공부를, 좋은 대학에 입학할 것을 강요했다. 무리를 해서까지 등록금이 연간 수천만 원에 달하는 사립 중고등학교에 보내고, 고국에서와 똑같이 과외수업을 시켰다. 그것이야말로 호주에서 당당하게 살아갈 수 있는, 고국의 가족과 친지들에게 잘 살고 있음을 증명하는 유일한 방법이라고 믿는 듯했다.

하지만 과연 그럴까. 좋은 대학을 나와 말하기 좋고, 듣기 좋은 직장에서 일하는 것만이 유일한 행복이라는 믿음을 버리지 않는 이상, 그들에겐 호주도, 지구 상의 어느 국가도 지옥일 수밖에 없을 것이다.

칼굴리는 이렇게 간절하게 호주로의 이민을 꿈꾸는 사람들, 금광에서 몇 년 바짝 일한 뒤 편하게 살고 싶은 호주인들이 모여 있었다. 백인도, 아시아인도, 시민권자도, 워홀러도 모두 어딘가를 떠나온, 경계에 서 있는 사람들이었다. 어느 식당을 가나 다양한 얼굴색과 억양을 가진 이들로 북적였고, 그것이 이 도시를 더욱 생기 있게 만들었다. 어쩌면 이들은 그들만의 새로운 동질감, 혹은 문화를 만들어 가는 중인지도 모른다. 모두가 공평하게 뜨내기고 이방인인 곳. 그래서 난 이 도시가 사람들이 편했던 것 같다.

"엘리사벳~ 여행 가지 말고 그냥 여기서 계속 일하면서 살면 안 돼?"
"안 돼, 우리 비자는 호주에 오래 머물 수 있는 게 아니라서 말이야."
"킴한테 얘기해서 스폰서 비자를 받으면 되지."
"고마워, 칼굴리를 떠올릴 때마다 항상 언니를 기억할게."

북적이던 시골 마을이 다시 차분해지는 명절의 끝 무렵은 늘 우울한 회색빛이었다. 늘 종합과자세트를 사오는 삼촌도, 사촌 동생들도 떠나고 말았다. 술에 잔뜩 취한 할아버지는 차에 올라타는 작은아들들 내외를 바라보며 기어이 눈물을 흘렸지만, 철이 일찍 들었던 나는 남은 사람, 늘 함께 있는 사람들이 서운할까 봐 그런 기색을 비치지도 못했다.

어렸을 때 나는 생각했다. 떠나는 사람보다 남는 사람의 마음이 더 아픈 거라고. 그러나 칼굴리에서 나는 그 오래된 생각을 고쳐먹었다. 떠나는 사람의 마음도 결코 쉬운 건 아니라고.

나는 그녀 가족이 어디서든 잘해낼 거라고 믿었다. 작은 집의 작은 화단에 꽃을 심는 그녀니까. 신입 초짜에게 아낌없는 사랑을 퍼주고, 보고 싶을 거라는 말을 할 때마다 눈가가 촉촉해지는 그녀니까.

칼굴리를 떠나기 전날, 욥의 집에서 찍었던 사진을 액자에 넣어 선물로 주었다. 윰은 끝끝내 눈물을 흘렸고, 나는 그런 윰 때문에 울었다.

삶이 아름답다고 느껴지는 건 이렇게 떠올리는 것만으로도 눈가가 부풀어 오르는, 보석보다 값진 인연을 만날 때였다. 과연 나는 지금껏 몇 명이나 되는 사람들에게 이런 감동을 주면서 살아왔을까. 모든 것이 과분하게 느껴졌다.

칼바리 국립공원(Kallbarri National Park)

더위, 파리, 진드기와의 전쟁

"역시 이거였어!"

한 달 동안 근질근질해서 도대체 어떻게 참았지? 칼굴리를 벗어나 퍼스로 가는 고속도로에 들어서자마자 몸이 저절로 들썩였다. 칼굴리에 있는 동안 한 달 내내 생리하는 것처럼 온몸이 뻐적지근하고 머리가 지끈거렸는데 그 증상들이 단번에 사라진 것이다.

가고 싶은 곳은 모조리 다 가야지. 바람도, 텅 빈 허허벌판도, 저 넓고 넓은 하늘도 모조리 우리의 것. 우리가 해야 할 일은 자유롭게 훨훨

날아가는 것뿐이었다.

그런데 퍼스를 벗어나 서호주 북부로 이동하자마자 우린 한 가지 위기에 봉착하고 말았다. 바로 40도를 예사로 넘기는, 한국에서는 한 번도 겪어 본 적 없는 무시무시한 더위였다.

아침에 일어나 제일 먼저 하는 일은 땀에 절어 끈적거리는 몸을 물티슈로 닦아내는 거였다. 한낮에 거리를 활보한다는 건 상상도 할 수 없고, 밤새 뒤척이다 새벽에야 겨우 잠이 들었다. 온종일 돌아가는 에어컨 바람에 머리가 아파 창문을 내리면 바로 훅! 헤어드라이어 수백 대가 동시에 내뿜는 것 같은 끔찍한 열풍이 눈과 코와 입속을 후벼 팠다. 한 여행자가 차량용 냉장고에서 막 꺼낸, 이슬이 송골송골 맺힌 펩시 캔 하나를 넋을 잃고 바라보다 결국 얻어먹은 적도 있었다. 정말이지, 도저히 어떻게 해볼 수 없는 혹독한 날씨였다.

일과도 '더위를 피하는 방법'에 초점이 맞춰졌다. 낮에는 무조건 에어컨 바람이 나오는 맥도널드, 도서관, 비지터 센터, 대형마트 같은 데서 시간을 보냈고, 본격적인 관광은 해 뜨기 전이나 해 질 녘으로 몰았다(그렇다 하더라도 더위에 반쯤 넋을 잃은 통에 제대로 즐기지 못한 경우가 태반이지만). 동네의 좋고 나쁨에 대한 기억도 순전히 얼마나 시원한 하루를 보냈는지에 따라 결정되었다.

하도 덥다 보니 하루 세 끼 쌀밥을 지어먹는 일도 고역이었다. 가만히 있어도, 아니 그늘에서도 숨 쉬는 것조차 버거운데 뜨거운 밥과 찌개를 끓여야 한다니! 한증막 불가마에 버너를 가지고 들어가 냄비에 밥을 해 먹어본다면 이해가 좀 가려나. 나는 최대한 밥을 안 하는 방법을 궁리했다. 아침을 할 때 점심 도시락을 싸두었고, 끼니때 식료품 가게가 있는 마을을 지날 때면 오븐에 구운 닭이나 과일을 사 먹었다.

특히 더위가 심해질수록 광분해서 달려드는 파리 떼는 짜증을 넘어 공포수준이었다.

호주 파리들의 무시무시한 적극성과 집요함을 묘사하자면 이렇다.

일단 얼굴 주변에서 한두 마리가 윙윙거리기 시작했다면 수 초 이내에 수십 마리로 불어날 테니 마음을 단단히 먹어야 한다. 손사래를 쳐서 쫓아냈어도 끝이 아니다. 영악한 이들은 잠시 물러나는 척하다가 곧 얼굴의 다른 부위를 공격해 왔다. 왼쪽 볼에 있던 놈들은 오른쪽 볼로, 눈썹에 있던 놈들은 입술로. 양파 자루같이 생긴 볼썽사나운 파리 망을 얼굴에 뒤집어쓰고, 온몸을 미친 듯이 흔들어 보지만, 그들의 끈적한 입술이 내 얼굴에 달라붙는 순간 게임 끝. 승자는 언제나, 어디서나 그들이었다.

'호주 파리 같은 인간들.' 자신의 이득을 위해서라면 어떤 짓도 서슴지 않는 악질들을 앞으로는 이렇게 불러주자, 나는 생각했다.

칼바리 국립공원에서 야영한 다음 날도 마찬가지였다. 그 날의 여행 노트를 보니 '며칠 동안 제대로 잠을 못 잔 나는 이미 좀비나 다름없었다. 정말 지독한 더위였다.'고 쓰여 있지만, 안타깝게도 이것은 앞으로 닥칠 것에 비하면 아무것도 아니었다.

아침을 해 먹을 기운도 없어서 딸기잼을 대충 묻힌 식빵으로 요기한 뒤 트레킹을 시작했다. 새벽같이 나섰건만 바람은 벌써 더웠고, 파리는 사방에서 달려들 기회만 엿보고 있었다. 비몽사몽으로 걷다 오른쪽 팔을 나뭇가지에 긁혀 꽤 깊은 상처가 났는데, 시큰거리고 피가 나는 팔뚝에 파리들이 달라붙기 시작한 뒤로 나는 아예 정신 줄을 놓아버렸다. 한참 뒤에야 운동화가 아닌 슬리퍼를 신고 있다는 것, 차에 사진기를 두고 왔다는 것을 알았지만 돌아가기엔 이미 너무 멀리 와 있었다.

그래도 칼바리 국립공원은 아름다웠다. 1,000제곱킬로미터가 넘는 면적이 어느 정도인지는 가늠할 수가 없지만, 끝이 없는 거대한 협곡의 풍경에 할 말을 잃었다. 특히 칼바리 여행책자의 단골 표지모델인 구멍 뚫린 바위, 자연의 창(Nature's window)에 서자 탄성이 저절로 나왔다.

아마 그래서였을 거다. 내가 그 '자연의 창'을 '내 방 창문'으로 착각하고 바위에 드러누웠던 것은. 마침 선선한 바람이 이마를 스치고 지나갔고, 무슨 조화인지 그 순간만큼은 주변에 파리 한 마리 없었다.

국립공원을 나와 다음 목적지인 샤크 베이(Shark Bay)로 갈 때만 해도 칼바리의 황홀함에 여전히 젖어 있었다. 중간에 들렀던 빌라봉 로드 하우스의 화장실이 믿을 수 없을 만큼 깨끗했던 것도 크게 한몫했다. 아무리 더러워도 불평할 처지가 못 되는 아웃백 여행자들을 위해 공중화장실에 정성을 들인 사람들. '호주 파리 같은 인간들'은 죽었다 깨나도 알 수 없을 그들의 배려에 감동하며 천천히 세수하고 나자 정신이 좀 들었다.

'무언가'를 발견한 건 로션을 바르고 난 뒤였다. 땀을 너무 많이 흘렸나? 뒷목이 유난히 간지러웠다. 목뼈 주위에 두툼하고 툭 불거진 무언가가 만져졌다. 당연히 여드름이라고 생각했다. 더 커지기 전에 없애버리자. 이렇게 청결한 공중화장실에서 여드름을 짤 기회는 늘 오는 게 아니었다. 그런데 하필 눈으로 확인할 수가 없는 위치라 아무리 매만져도 뒷맛이 개운하지가 않았다.

차로 돌아가 남편에게 뒷처리를 부탁했다. 그는 내 목을 천천히 살펴보더니 볼록 솟은 부분을 가운데 놓고 양쪽을 엄지와 검지로 감싼 뒤 세게 눌렀다. 화장지를 갖다 대자 끈적거리는 게 쭉 늘어나면서 달라붙는 느낌이 들었다. 남편은 '왕 여드름'이라며 잘 좀 씻고 다니라고 놀려댔다. 내가 일부러 안 씻나! 그래도 에어컨이 돌아가는 시원한 차 안에서 그의 손이 내 목 언저리를 왔다 갔다 하는 감촉이 좋았다. 둘이 여행하니까 이런 게 좋구나. 나는 그동안 밀렸던 잠에 빠져들었다.

그때 간지러운 증상이 멈췄더라면 난 그것을 지난 수십 년 동안 처리해온 수많은 여드름 중 하나로 여겼을 텐데. 그러나 이틀 뒤, 남편이 나를 속였다는 것을, 그것이 여드름이 아니었다는 것을 알아버리고 말았다.

더러운 손 때문에 탈이 났나. 간지러울 때마다 계속 긁어댔더니 목 주변이 뜨거워지면서 부풀어 오르는 느낌이었다. 다시 남편에게 도움을 청했다. 한참을 조몰락대던 그가 이번에도 왕 여드름이라며 핀잔을 주었다. 그런데 그의 과장된 몸짓이 뭔가 의심스러웠다. 목소리도 평소보다 더 하이톤 이었다.

"그런데 왜 이렇게 계속 간지럽지? 정말 왕 여드름 맞아?"

계속 추궁하자 그가 내 쪽으로 화장지를 내밀었다.

"다리가 달린 걸 보니까 벌레 같아. 그런데 걱정하지 마. 내가 다 떼어 냈어."

"뭐? 벌레라고???"

좀 더 다그치자 그는 사건이 처음 발생했던 날도 한 마리를 떼어냈다고 고백했다. 그가 보여준 건 새끼손톱의 1/3만 한 크기의, 무당벌레같이 몸이 통통한 진짜 벌레였다! 이런 게 내 몸속에 박혀 있었던 말이지? 아니, 왜? 도대체 왜, 언제, 어떻게???

"이걸 왜 말을 안 하고 있었던 거야? (물론 내가 이렇게 호들갑을 떨까 봐 그랬다는 건 짐작이 가지만) 심각한 거면 어쩌려고 그래?"

멀뚱멀뚱하니 서서 어이없어하는 나를 바라만 보는 그가 원망스러웠다. 더는 사기꾼 남편 말만 듣고 있을 수 없었다. 급기야 어지럽고 속까지 메스꺼운 것 같았다. 화장지를 곱게 싸들고 밖으로 나갔다. 사흘 간 묵을 거라고 하자 할인을 해 주었던 카라반 파크 주인아줌마가 아직 사무실에 앉아 있었다.

"이게 뭔지 알겠어?"

"흠. 틱(tick, 진드기) 같은데. 방에서 잡았어?"

"아니, 내 목에서 나왔어."

"그런데 머리는 어디 있어?

"머리? 그건 잘 모르겠는데. 이 남자가 떼어 냈거든. 심각한 거야?"

"잘 떼어냈으면 괜찮지만 머리가 박혀 있으면 심각할 수도 있으니까 병원에 가봐."

머리는 어디 있느냐니, 이건 또 무슨 소린가. 그가 증거로 남겨둔 시 커먼 것을 아무리 살펴봐도 발이 몇 개 달린 몸통뿐이었다. 간지럼은 이 제 목만이 아니라 온몸, 발가락 사이까지 퍼진 느낌이었다. 목에 남아 있 던 진드기의 모가지가 혈관을 타고 다른 곳으로 흘러들어 간 거면 어쩌 지? 아니, 다른 곳에 머리를 처박고 있는 놈이 더 있다면?

다시 캐빈으로 돌아온 나는 홀딱 벗고 그의 앞에 섰다. 그는 목 말고 다른 부위에는 '전혀' 없다고 장담했다. 그러나 내 피부에 머리를 박고 피를 빨아먹는 진드기를 여드름이라고 속인 전적이 있는 그의 말을, 나 는 이미 신뢰할 수가 없었다.

"역시 병원에 가봐야겠어."

하필 비까지 추적추적 내렸다. 간호사만 한 명 있는, 우리나라 산골 보건소 같은 곳이었다. 텅 빈 대기실에는 딸랑 우리 둘뿐이건만 안에서 무엇을 하는지 이 응급환자 이름을 부를 생각이 없다. 남편은 괜한 일을 벌이는 거라는 듯 팔짱을 끼고 앉아 있다가 아예 잠이라도 자려는 것처 럼 눈을 감았다.

매정한 놈. 지금 내 몸에 더럽고 추악한 것이 떠돌아다닐 수도 있는 데 잠이 와? 환자들이 보호자들에게 왜 신경질적인지 알 것 같았다. 아 무리 남편이고 아내라 해도 보호자는 보호자일 뿐 환자 자신이 아니니까. 저렇게 팔짱을 끼고 눈을 감거나, 텔레비전을 보면서 큰소리로 웃는 걸 본다면 필시 배신감이 들 것이다.

내가 호주에서 유난히 치를 떠는 게 있다면 바로 벌레였다. 하얀 벽지 위에 작은 얼룩만 묻어 있어도 화들짝 놀라 벌레 죽이는 스프레이를 몽땅 뿌렸다. 씨가 유난히 많이 박힌 수박을 보면 머릿속까지 닭살이 솟는 기분이었다.

시드니에 막 도착해 채스 우드에 있는 한국인 이민 가정에서 쉐어를 할 때였다. 주말 오후, 햇볕에 바짝 마른 빨래를 개키는데 자잘한 거미랑 벌레들이 기어 나왔다.

"호주는 원래 그래."

집주인 언니가 위로랍시고 말을 건넸지만, 나는 원래 이런 호주에서 2년이나 버틸 수 있을지에 대해 진지하게 고민했다. 그깟 벌레 가지고 호들갑이냐고 할 수도 있을 것이다. 그래도 어쩌나. 싫은 건 싫은 거였다.

대기실에 앉아 있으니 지난 1년 반 동안 내가 죽인 무수히 많은 벌레가 떠올랐다. 손으로 눌러 죽이고, 신발로 때려죽이고, 스프레이 세례를 퍼부어 죽인 죄 없는 영혼들. 그들이 인간의 피를 빨아 먹는 '틱'이란 놈으로 환생해서 내 목을 죄어오고 있었다.

나의 최후가 여기라면 적어도 호주 여행책자의 한쪽은 차지할 수 있겠군. 제목, '진드기 대가리를 조심하라.' 정신을 잃은 한 여행자의 몸뚱이가 웨스턴오스트레일리아에서 발견됐습니다. 경찰은 진드기의 머리가 뇌로 흘러들어 간 것으로 보고 사건을 조사 중입니다. 툭 불거진 형태가 언뜻 보기엔 왕 여드름 같지만 간지러운 증상이 한동안 지속되면 즉각 병원에 가시기 바랍니다.

드디어 뚱뚱한 여자 간호사가 손짓했다. 그녀에게 진드기 잔해물을 조심스럽게 펼쳐 보였다.

"이것이 내 목 뒤에서 나왔답니다. 이 남자 말로는 며칠 전에도 한 마리 꺼냈다고 하더군요(난 그걸 이제야 알았고)."

"증상을 처음 발견한 게 언제지요?"

"오늘로써 3일째입니다. 심각한가요? (나 죽나요?)"

그는 책을 한 권 펼쳐 보이며 말했다.

"다른 주에서 물렸다면 심각할 수도 있어요. 그러나 여기 나와 있듯이 '우리' 웨스턴오스트레일리아의 틱은 괜찮습니다(그녀는 이 대목에 자부심이 있는 것 같았다). 단, 요놈들은 머리를 처박고 피를 빨아 몸통을 키우기 때문에 머리를 잘 제거해야 하는데……."

그래서 아까 카라반 파크 아줌마도 머리를 찾았구나. 그럼 내 살을 째고 머리를 꺼내야 한단 말인가? 갑자기 몸이 으스스한 게 꼭 얼음 위에 서 있는 것만 같았다. 칼로 째고 머리를 꺼내는 시술 때문이 아니었다. 무시무시한 호주 의료비 때문이었다.

애들레이드 힐의 포도농장에서 일할 때였다.

그가 포도 가지에 눈을 스치는 바람에 종합병원 응급실로 달려간 적이 있었다. 아무튼 사건·사고의 99퍼센트는 부잡스러운 그가 원인이었다. 엄살은 또 얼마나 심한지, 처음에는 따끔거리기만 한다더니 나중에는 눈이 안 보인다고 난리를 쳐서 나를 식겁하게 했다. 걱정되면서도 한편으론 짜증이 솟구쳤다. 아니 어떻게 된 게 안경을 끼고 있는데도 포도 가지가 눈에 들어가 정확히 눈알을 할퀴고 나오느냔 말이다. 더 기가 막힌 건 '응급실'의 '느긋한' 분위기였다.

손님이라고는 1년 내내 감기약을 받으러 오는 노인뿐인 시골의 무슨 무슨 의원의 대기실처럼 기다리는 사람이나 병원 스태프나 긴장감이 전혀 없었다. 우리나라 의사들이 하루만 있어본다면 죄다 이민 오겠다고 난리가 날 법한 풍경이었다. 진짜 응급환자가 오면 어떨까 궁금해서 내심 구급차라도 한 대 들어오길 바랐지만 그런 일은 없었다. 아무튼 서너 시간을 기다린 끝에 시력에는 아무 이상 없다는 의사의 소견과 후시딘 같이 생긴 연고 하나를 받아오는데 정확히 302달러를 날린 경험이 있는 나로서는 그 날의 충격이 반복될까 봐 두려웠다.

간호사는 들고 있던 두껍고 커다란 책을 우리에게 넘겨주더니 커튼 뒤로 들어가 버렸다. 책은 진드기로 인해 걷잡을 수 없이 심각해진 사례들로 가득했다. 시커멓게 썩어들어가거나 곪은 상처들. 우리나라 약국에 커다랗게 붙어 있는 사타구니 무좀 사진들 못지않게 처참한 장면들이었다. 나는 황급히 책을 덮어 버렸다.

잠시 후 그녀가 나타났다. 드디어 수술할 차례인가? 그런데 저건 뭐지? 지금까지 이걸 찾느라 한참 동안 부스럭댄 거야? 수술 준비를 한 게 아니고?

먼지가 낀 은색 손잡이와 커다란 유리. 그녀가 들고 나온 건 초등학교 때 이후로 본 적이 없는 돋보기였다!

웃을 수도 없고 울 수도 없고. 그녀는 커다란 돋보기로 내 뒷목을 정성스럽게 살펴보더니, "음, 머리는 안 보이는군요." 하고 진찰을 끝냈다. 칼로 살을 쩰 줄 알았는데 돋보기로 끝나다니. 그런 일이 일어나기를 바란 것은 아니지만 왠지 허무한 것도 사실이었다. 그는 "거 봐라, 내 말이 맞지 않았느냐." 하는 의기양양한 표정으로 나를 바라보았다.

숙소로 돌아오자마자 나는 모든 옷가지를 세탁기에 집어넣고 뺑뺑 돌렸다. 행여나 옷에, 이불에 달라붙어 있을지도 모를 놈들의 흔적을 말끔히 없애고 싶었다. 맘 같아서는 가진 걸 다 태워버리고 새로 장만하고 싶었다.

도대체 어디서 달라붙었을까. 곰곰이 생각해보니 칼바리에서 잠깐, 아주 잠깐 '자연의 창' 아래 누웠을 때가 아닌가 싶다. 지금도 떠오른다. 파리와 더위, 허기짐에 정신 줄을 놓았던 날. 감동적인 아름다움. 갑자기 불어 닥친 시원한 바람. 그 바람과 함께 사라진 파리들. 진정한 평화. 그리고 평소에는 걸터앉는 것도 마다하는 바위에 벌러덩 드러누웠던 나.

역시 사람은 하지 않던 짓을 하면 꼭 일이 난다. 그걸 깨닫는 대가는 '돋보기 진료비' 110달러였다.

카리지니 국립공원(Karijini National Park)
결핍의 아름다움

"닝갈루 리프에 당연히 갈 거지?"
"거기와 비교될 만한 곳은 없지."
"역시 닝갈루 리프!"

　북에서 남으로, 우리와 반대 방향으로 여행 중인 자들은 마치 짜기라도 한 것처럼 한목소리로 닝갈루 리프(Ningaloo Reef)를 찬양했다. 마치 닝갈루 리프라는 종교에 모든 걸 갖다 바친 광신도들 같았다. 에스퍼

란스에서 만난 홍콩출신 여행자는 닝갈루 리프가 에스퍼란스 보다 훨씬 더 훌륭하다며 몇 번이나 강조했다.

그들 때문이 아니더라도 우린 닝갈루 리프에서 오래 머물 계획이었다. 세계에서 가장 긴 거초 지역, 끝도 없이 이어진 아름다운 해변과 장엄한 국립공원, 가오리와 고래와 함께하는 스킨스쿠버 다이빙, 그리고 곳곳에 널린 무료 야영장.

호주의 해변을 즐기는 데 이보다 더 완벽한 장소는 없을 것 같았다. 게다가 여긴 동부 해안의 그레이트 배리어 리프처럼 누구나 다 아는 닳아빠진 곳이 아니었다. 거칠고, 지난하고, 무더운 고난의 날들을 견뎌낸 자들에게만 허락된 곳. 아는 사람들만 아는 마니아적인 분위기도 마음에 들었다.

지겹단 소리가 나올 때까지 맘껏 즐기자. 여기서만큼은 정해진 기간 내에 호주 일주를 끝내야 한다는 생각 같은 건 하지 않기로 했다. 퍼스에서 오리발을 산 것도 오로지 이때를 위해서였다. 투어에 쓸 현금도 두둑하게 챙겨두었고 대용량 선크림도 샀다. 엑스마우스로 가는 길목에 있는 코랄 베이 같은 곳도 대충 지나쳤다. 어서 빨리 진짜 천국에 들어가고 싶었다.

그런데 참가자들의 이름으로 빽빽하게 채워져 있어야 할 투어 게시판이 텅 비어 있었다. 무슨 일인가 싶어 멍하니 서 있는 우리에게 비지터 센터 직원이 난처하단 얼굴로 "비수기가 시작됐다."는 비보를 전해주었다. 연중 가장 많은 여행자를 불러 모으는 혹등고래가 예년보다 일찍 떠나버렸고, 그러자 바다로 나가려는 여행자들도, 바다로 우리를 데려다 줄 배도 없었다.

때가 돼서 제 갈 길을 갔다는데 어쩔 수 있나. 칼굴리에서 한 달을 지체해서 예정보다 늦게 도착한 탓도 있었다. 기왕 이렇게 된 거 주야장천 스노클링이나 하자. 우린 해변이 밀집해 있는 국립공원의 서쪽으로 방향을 틀었다.

물 색깔이 어쩜 이렇게 맑고, 알싸하고, 청량할 수가 있을까. 하지만 감탄에 빠진 것도 잠시, 바다가 아름다울수록 초조해졌다. 해변 야영지에 빈자리가 없던 것이다. 처음 한두 번은 그런가 보다 했다. 이렇게 아름다운 곳에 사람이 없다면 그것도 말이 안 되는 일이니까. 그런데 공원 안쪽으로 들어갈수록 여유 부리던 마음이 사라졌다. 야영장마다 온갖 짐과 빨래를 늘어놓은 장기 여행객 천지였기 때문이다. 그건 하루 이틀 새에 이곳을 떠날 계획이 없다는 뜻이기도 했다. 시뻘겋게 달아오른 비대한 몸뚱이들이 아무렇게나 밟고 지나가기에 이곳의 모래는 너무도 하얗고, 순결해서 더 화딱지가 났다. 혹시나 하는 마음에 공원 안쪽 깊숙한 곳까지 가보았지만, 모두 허탕이었다.

그런데 오늘 무슨 날이라도 되나? 비지터 센터가 있는 엑스마우스로 다시 돌아온 나는 거기서도 심사가 뒤틀려 버렸다. 서부의 랜드 마크로 키워낼 심산인지 뭔지, 타운 곳곳이 휴양단지 공사로 몸살을 앓고 있었다. 무작위로 들어서는 성냥갑 같은 건물들을 보자 하루 이틀 카라반 파크에 머물면서 해변에 자리가 나기를 기다려보려던 마음이 싹 가셨다. 저것들이 완공되면 더 많은 사람이 모여들 테고 닝갈루 리프는 결국, 망가지겠지. 혹등고래랑 다이빙을 못 하게 된 것보다 난 이것이 더 슬펐다.

그래도 내리막만 있으리라는 법은 없나 보다. 착잡한 심정으로 닝갈루 리프를 벗어나 별 기대 없이 도착한 카리지니 국립공원은 감히 말하건대, 내가 상상하고 동경해왔던 호주 아웃백의 모습이었다.

카리지니가 울루루나 동부의 다른 관광지의 명성에 한참 못 미치는 것은 단지 여기가 서호주이기 때문이리라. 왜 그동안 아무도 여기에 대해 말해주지 않았던 것일까. 침을 튀겨가며 닝갈루 리프를 찬양했던 이들조차 카리지니에 대해서는 침묵했었다. 나는 앞서 이곳을 다녀간 이들에게 배신감마저 느꼈다. 하긴 그런 수모를 당한 곳이 어디 카리지니뿐이던가. 에스퍼란스도 칼바리도 그렇게 묻혀 있었다. 그것은 세상에서 고립된 호주, 호주에서도 큰맘 먹고 수백 수천 킬로미터를 무작정 달려야만 닿을 수 있는 서호주의 태생적 한계였다.

서울 면적의 열 배가 넘는 이 국립공원의 하이라이트는 '고지(Gorge)'라고 불리는 아홉 개의 붉은 협곡이지만, 나는 물 옆에 있던 시간이 더 좋았다. 지평선을 따라 시원스럽게 뻗어 있는 장엄한 황톳길 끝에 작은 연못이 하나 있었다. 불그름한 협곡과 녹색의 나무들로 에워싸인 그곳은 물에 살짝 닿기만 해도 영화 <아바타>의 주인공들처럼 온몸이 녹색으로 물들 것만 같은, 진한 에메랄드 빛깔이었다. 얼마나 깊은지, 물속에 무엇이 돌아다니는지 전혀 보이지 않았다.

저 물에 몸을 담근다면 나는 좀 더 대담해질 수 있을까.

그 때 나는 호주 아웃백의 한 뼘 아래도 안 보이는 연못에 뛰어들었다는 기록을 남기고 싶은 욕망에 휩싸였던 것 같다. 그러나 그러지는 못했다. 나에게 물은 공포였고, 그래서 안전한 실내 수영장에서조차 목 근방에서 물이 찰랑거리면 숨이 막혔다. 설사 수영을 잘하거나 깊이가 얕은 물이라 해도 언제 어디서 물뱀이 나타날지 모르는 저 탁한 물에 스스로 몸을 던지는 건 또 다른 용기가 필요한 일이겠지만.

이런저런 생각에 빠져 있을 때, 한 백인 여자가 연못에 들어섰다. 비치타월을 벗어 바위에 대충 얹어 놓고 못의 한가운데를 지나 위쪽의 폭포 방향으로 수영해가더니, 이내 덤불 사이로 사라졌다.

언제 어디서든 물만 고여 있으면 풍덩 풍덩 잘도 뛰어드는 인간 물고기들. 팔다리를 그다지 움직이는 것 같지도 않은데 어쩜 저렇게 잘도 떠 있지? 나에게도 비키니 수영복만 입고 자유롭게 둥둥 떠다니는 날이 올까? 내가 쓰고 있는 모자, 긴 바지, 양말에 운동화, 선크림으로 도배된 얼굴, 그리고 무거운 카메라가 유난히 거추장스럽게 느껴졌다.

국립공원을 돌아 나오는 길. 마침 우리 등 뒤로 노을이 지고 있었다. 길도, 나무도, 자갈도, 온통 시뻘겋게 타들어 갔다. 떠나기가 아쉬워 차를 세우고 작별 인사라도 나누는 것처럼 천천히 카리지니를 감상했다. 그때, 기다리기라도 했다는 듯 하얀색 사륜구동차가 붉은 먼지 구름을 일으키며 우리 쪽으로 달려왔다. 최고의 장면이 되겠구나. 감이 왔다. 사진기를 들고 서 있는 나를 발견한 조수석의 남자가 손을 흔들었다. 지금이다! 나는 정신없이 셔터를 눌러댔다. 상상 속의 호주가 현실이 되는 순간이었다.

그날 밤 우린 카리지니 근처의 무료 쉼터에서 야영했다.

마침 탁자 주변에 잔가지들이 떨어져 있었다. 여행을 시작한 뒤 처음으로 그가 모닥불을 지폈다. 타다닥, 잔잔하게 타들어 가는 모닥불 곁에서 커피 믹스를 홀짝거리며 밤하늘을 올려다보았다. 웬일인지 모기가 달려들지도 않았다. 하얀 설탕이 흩뿌려진 것 같이 조그만 별들이 빛나고 있었다.

내 고향 산골에도 달과 별이 선명했다. 시골의 생활과 캠핑 여행의 공통점은 해를 따라 움직인다는 거였다. 그때도 해가 지면 저녁을 먹고 일찍 잠자리에 들었는데, 한밤중에 소변이 마려워 꼭 한 번은 일어났다. 내가 부스럭거리면 덩달아 눈을 뜨는 동생 손을 잡고 요강이 있는 마루로 나가면, 푸르스름한 새벽빛이 사방을 메우고 있었다. 그땐 달과 별을 보며 소원도 많이 빌었었다. 시험에서 백 점을 맞고 싶다고, 자전거를 잘 타고 싶다고, 할아버지가 술을 조금만 마시게 해달라고.

호주는 그렇게 하늘을 보며 소원을 빌던 시절을 자주 떠올리게 했다. 그림으로 치면 여백이 많고 색채가 간결한 수묵화 같았다. 그래서 늘 나 자신과 주변을 돌아보게 했다. 그전까진 일정한 속도를 내야 하는 고속도로를 달렸다면, 지금은 한적한 국도를 달리는 기분이었다. 도시의 빠른 속도에 숨이 가쁘던 나로선 이 땅이, 시간이 감사할 뿐이었다.

그와 많은 대화를 나눌 수 있었던 것도 어쩌면 텅 빈 땅이 준 선물이었다. 아무리 달려도 사방이 지평선뿐일 때가 많다 보니 태양이나 구름, 바람, 더위, 가끔가다 튀어나오는 온갖 동물도 대화의 훌륭한 소재가 되었다. 좋아하는 음악이나 소설, 각자가 생각하는 본인의 장단점, 특히 어린 시절에 대한 이야기들. 그러다 보면 가슴 속 깊이 오래 묵혀두었던, 누구에게도 하지 못한 것들도 튀어나왔다.

초등학교 때 나는 왕따를 당한 적이 있었다. 교사인 아빠를 따라 벽지 학교들을 전학 다닐 때였다. 우린 모두 어렸고 그들은 (내가 당연히 모르는 줄 알고) 내 뒤에서 킥킥댔지만, 나는 그게 어떤 상황인지 잘 알고 있었다. 내가 잘나서가 아니라 농사꾼 부모가 아닌 교사 아빠와 도시

출신 엄마를 둔 것에 대한 부러움 때문이었을지도 모르겠다. 나는 어른들이 걱정하실까 봐 아무 말도 하지 않았지만 간간이 알 수 없는 복통에 시달렸고, 그때마다 엄마는 나를 업고 다른 동네에 있는 보건소로 뛰어가느라 진을 뺐다.

어려서 그의 집은 상당히 가부장적인 분위기였다고 했다. 가난이 무엇인 줄 잘 아는 아버지는 그가 당했던 설움과 시련을 자식들에게 물려주기 싫어 늘 바쁘게 일만 했다. 돈 버는 바깥일, 살림과 자식을 돌보는 집안일에 대한 구분이 명확했다. 아내와 자식들에게도 무척 엄격했다. 자식들이 공부를 안 하거나 말을 안 들으면 화살은 어머니에게 날아갔다. 근근한 살림살이와 팍팍한 결혼생활에 지친 어머니가 어린 삼 형제에게 쥐약을 들이미는 심정은 어땠을까. 그리고 그런 젊은 시절의 부모가 아킬레스건이 되어버렸을 장성한 아들들.

그를 처음 보았을 때 알 수 없이 슬퍼 보이던 눈의 정체가 무엇이었는지 그제야 이해가 갔다. 눈물을 뚝뚝 흘리며 말을 잇지 못하는 그를 가슴에 꼭 안았다. 덩치만 어른인, 겁을 잔뜩 집어먹은 일곱 살의 어린 남자아이가 내 품에서 엉엉 울고 있었다. 나도 같이 울었다. 이제 나와 함께 있으니까 더는 두려워하지 않았으면 했다. 그리고 그것들을 나누어주어서 고마웠다.

누군가와 더 친밀해지기 위해서는 이런 과정이 꼭 필요한 걸까.

확실히 서로의 생채기를 확인한 다음부터 우리에겐 단단한 무언가가 생겼다. 서로에게 멋진 모습만 보여주고 싶은 부담을 벗은 기분이었다. 젓던 노를 놓친 뒤에야 비로소 넓은 물을 돌아보았다는 어느 시의 글귀처럼 잔뜩 긴장한 채 붙들고 있어야 할 것이 사라진, 홀가분한 기분이었다. 하루만 지나도 뒤처진 것이 돼 버리는 시대에 온기 있는 사람이 내 옆에 있다는 것이 그렇게 다행일 수가 없었다.

비수기라는 건 곧 우기가 닥쳐온다는 뜻이었다. 비가 오면 온종일 숙소에 틀어박혀 지내야 할 일이 많겠지만, 무시무시한 더위는 좀 수그러들 테니 그것도 나쁘지만은 않을 것 같았다.

사실 이 여행은 처음부터 대단한 것을 얻기 위한 여정이 아니었다. 나 혼자가 아니라 누군가와 동행한다는 것, 그와 함께한다는 게 핵심이었다.

서로 다른 두 사람이 서로의 결핍을 드러내고, 위로받고, 위로하며 같이 성장하는 것. 세상에 이보다 더 근사한 일은 없을 거라고, 난 생각했다.

다윈(Darwin)
우기와 바퀴벌레의 이야기

노던주 보더를 지나 다윈으로 가기 전, 우린 캐서린 강과 그 주변을 어슬
렁거리고 있다는 민물 악어를 보기 위해 캐서린 협곡 국립공원으로 갔
다.

　널따란 주차장에 차를 세우고 비지터 센터에 들어선 순간, 갑자기 장
대비가 쏟아지기 시작했다. 비는 아무런 전조도, 인과관계도 없이 곧장
절정으로 치닫는 삼류 에로영화처럼 시작부터 격렬했다. 창문을 모조리
부숴버리기라도 할 것처럼 세찬 빗줄기가 무자비하게 내리꽂혔다.

"좀 서늘해지긴 하겠네."

고작 더위나 한풀 꺾이게 해줄 소나기 정도로 생각했던 나는, 건물 밖으로 나와서야 그것이 잘못된 생각이었다는 걸 알았다. 창문 너머로 구경하던 것은, 현실을 세 배 정도 왜곡한 거였다. 하늘에서 무언가가 이 토록 요란하고 무섭게 쏟아지는 광경은 처음이었다. 얼마나 우악스럽던 지 사방이 안개가 낀 것처럼 자욱했다. 한동안 써본 일이 없는 다리 근육을 부지런히 움직여 자동차까지 뛰었다. 고작 20여 미터 거리였는데도 온몸에서 물이 줄줄 흘렀다.

일단 다윈으로 이동하기로 했다. 다행히 캐서린은 위치상 다윈에서 퀸즐랜드로 이동할 때 또 한 번 들러야 했다. 수건으로 대충 머리를 말린 뒤 히터를 틀었다. 에어컨이 아닌 히터를 틀다니. 24시간 전과는 전혀 다른 세상이었다.

그런데 하필 비구름의 한가운데를 관통하는 모양이었다. 바로 옆에 있는 그의 목소리가 제대로 안 들릴 만큼 비가 무섭게 쏟아졌다. 고속도로 바깥쪽은 이미 범람이 진행되고 있었다. 계속 올라가야 하나, 아니면 캐서린으로 돌아가야 하나 고민하고 있을 때였다. 범퍼 앞에 번개 한 자락이 내리꽂혔다. 온몸의 털이 곤두서며 두피 안쪽이 서늘했다. 우린 아무 말 없이 앞만 보았다. 그가 극도로 긴장했다는 게 느껴졌다. 이젠 되돌아갈 수도 없었다. 15분 만에 도로가 침수되어 고립될 수도 있다는데. 우린 기다란 나무에 높이를 표시해둔 침수구간 표지판을 확인해 가며 조심스럽게, 그러나 서둘러 차를 몰았다.

찻길로 미친 듯이 뛰어드는 두꺼비같이 큰 개구리(혹은 그냥 두꺼비)들을 무수히 짓밟으며 다윈에 도착했을 땐 10시가 넘은 밤이었다. 마침 도심 외곽에 카라반 파크가 있었다. 문에 달린 손잡이를 어찌나 꽉 움켜쥐었던지 차에서 내리자마자 무릎이 꺾일 만큼 진이 빠졌다. 어서 빨리 눕고 싶었다. 싸고 좋은 숙소를 찾아 헤매는 것도 오늘만큼은 건너뛰기로 했다.

마침 거기에는 다른 카라반 파크에서는 본 적이 없는, 침대 하나만 덩그러니 놓인 작은 싸구려 방이 몇 개 있었다. 값도 사이트를 대여하는 것보다 몇 달러 더 한 수준이었다. 물건을 옮기고 트렁크에 잠자리를 마련할 힘도 없던 우린 거기서 하룻밤을 보내기로 했다.

연신 하품을 해대는 직원이 지붕이 낮고 일자로 된 콘크리트 건물로 우리를 안내해주었다. 각 방의 문 앞에는 겨우 구색을 갖춘 작은 테이블

이 놓여 있었고, 오래되어 색이 바랜 플라스틱 의자들은 빈 맥주병과 과자 봉지에 섞여 여기저기 쓰러져 있었다. 너저분한 꼬락서니 하고는. 서글픈 건 후줄근한 우리의 몰골이 여기와 딱 어울린다는 거였다.

그런데 저 거대한 생명체들은 뭐지?

방문을 열고 불을 켜는 순간, 거짓말 하나도 안 보태고 내 주먹의 사분의 일만 한 바퀴벌레 예닐곱 마리가 침대와 작은 서랍장 밑으로 헐레벌떡 숨어들었다. 그것을 보는 순간 난 이제 막 도착한 이 도시에 오만 정이 다 떨어져 버렸다.

비단 바퀴벌레만이 아니었다. 그 방 자체가 싫었다. 환기라고는 시켜본 일이 없는 것처럼 눅눅하고 축축했으며, 서 있는 것만으로도 기가 빠져나갈 듯 음산했다. 하이라이트는 공짜로 줘도 안 가져가게 생긴 심하게 꺼진 매트리스. 그 위에 착 달라붙어 있는 (방 분위기와 전혀 어울리지 않는) 분홍색 이불은 어찌나 꿉꿉하던지 거기에 누웠다간 온갖 벌레와 세균들이 내 몸을 갉아 먹을 것만 같았다. 이런 곳에서 돈까지 주고 자야 한다니. 답답하고, 억울하고, 짜증이 나서 미칠 것 같았다.

"지금이라도 환불해 달라고 할까?"

그런데 그는 이불을 걷고 누울 채비를 하고 있었다. 내가 나가자고 할까 봐 선수를 친 것이다. 우리가 오늘 힘든 하루를 보내긴 했지. 체념한 나는 바닥이 흥건해질 때까지 사방에 에프킬라를 뿌렸다. 불도 켜 두었다. 빛이 사라진 순간 잠깐 숨는 척했던 놈들이 활개를 치고 다닐 게 뻔했다. 자칫 방향이라도 잘못 잡아서 내 배 위로 떨어진다면 난 정말 경기를 일으키고 말리라.

분홍색 이불이 살에 닿지 않도록 티셔츠에 달린 모자를 깊이 눌러

쓰고 신발도 신은 채 침대 한쪽에 웅크려 누웠다. 몸은 곧장 세례라도 맞은 것처럼 피곤한데 잠은 안 오고 자꾸 바퀴벌레들만 떠올랐다. 왜 또 이러지? 진드기 후유증인가? 온몸이 근질거리기 시작했다.

당장 바퀴벌레약부터 사야겠다. 이렇게 간절하게 새날, 새 아침을 바란 적이 없었다.

비와 바퀴벌레로 시작된 다윈과의 불안한 동거는 나흘 뒤 그곳을 떠날 때까지도 계속됐다.

사실 나는 이 도시에 상당한 연민이 있었다. 2차 대전 때는 일본군에게 연거푸 폭격을 당했고, 1974년 태풍 트레이시가 휩쓸고 간 상처가 아직도 남아 있다고 했다. 원주민이 많이 거주한다는 건 소외된 지역이란 뜻이었다. 그리고 야생동물의 성역, 세계에서 가장 큰 국립공원인 카카두(Kakado)와 리치필드(Litchfield) 국립공원. 그래서 나는 의도적으로라도 이곳을 사랑하고 싶었다.

그러나 빗속을 가르며 힘겹게 찾아간 비지터 센터의 문은 매정하게 잠겨 있었고, 아름다운 해변은 해파리 때문에 몸을 담글 수도 없었다. 기가 막힌 일몰을 감상하기 위해 다윈 인구의 절반이 모여든다는 민딜 비치(Mindil Beach)의 야시장도 비수기라 개장을 하지 않았다. 전날 밤의 비바람으로 난장판이 된 광장과 거리를 무표정한 얼굴로 서성이는 원주민들. 열대의 상징인 야자수 역시 도로변에 쓰러져 있거나 거센 바람에 위태롭게 흔들릴 뿐이었다.

제일 억울했던 것은 싸구려 콘크리트 방에서 좀 더 나은 캐빈으로 자리를 옮겼는데도 바퀴벌레가 여전하다는 거였다. 하루의 시작과 끝은

온 방 안에 바퀴벌레약을 뿌리는 일이었다. 신기한 건 환경이 이렇게 열악하건만, 그동안 무수히 지나쳐온 내로라 하는 유명한 관광지에서도 보기 드물었던 장기 여행자들이 다윈에 수두룩하다는 점이었다. 도대체 그들은 무엇 때문에 여기서 수개월, 수년을 머무는 것일까. 내가 놓치고 있는 것이 과연 무엇일까. 답답하기만 했다.

날만 개면 무조건 국립공원으로 쳐들어가자.

일기 예보를 보며 하루하루 날짜를 연장했지만, 나흘이 지나도록 태양은 끝내 얼굴을 드러내지 않았다. 여기까지 오는데 두 달도 넘게 걸렸는데 이렇게 허무하게 끝나다니. 믿을 수 없었지만 카카두와 리치필드는 포기할 수밖에 없었다.

그래도 한 가지 수확은 있었다. 콜스(Coles, 이마트나 홈플러스처럼 호주 전역에 퍼져 있는 대형 슈퍼 체인이다)에서 우리가 일했던 허브 농장의 작물들을 발견한 것. 당시의 주 관심사는 바로 콜스 다윈 지점 납품을 따내느냐 였다. 시꺼먼 양복을 입은 사람들이 수차례 다녀갔고, 그때마다 우린 세제를 뿌려 가며 패킹 룸을 청소했다.

내가 직접 수확하고 포장해서 공항으로 가는 상자에 실었던 작물들을 수천 킬로미터 떨어진 마트의 진열대 위에서 만나다니. 특히 주 작물이었던 고수 뭉치들을 보자 뭉클하기까지 했다. 향이 무척 강해서 수천 다발을 작업하고 나면 손은 물론 온몸과 차에까지 냄새가 배곤 했다. 그때만 해도 샴푸를 입에 머금고 있는 것 같이 향이 지독한 그것을 직접 사 먹을 일은 없을 줄 알았는데. 지금은 삼겹살을 구워 먹을 때마다 꼬박꼬박 상 위에 올리는, 호주를 추억하는 기념물 제1호다.

"다윈에 도착하면 매장에 들러서 사진을 찍어 보내줄게."

나는 농장주와의 약속을 지킬 수 있어서 기뻤다. 농장 친구에 의하면 우리가 보낸 사진과 이메일이 사무실 게시판에 한참 붙어 있었단다.

　　다윈을 떠나던 날 아침에도 어김없이 비가 내렸다. 보통은 숙소에서 체크아웃하기 전 마지막 1초까지 야물게 쓰다 가지만, 이번만큼은 아니었다. 날이 밝자마자 서둘러 짐을 싸 차로 옮겼다. 숙소를 떠나면서 이렇게 홀가분한 적은 처음이었다. 어쨌든 호주 일주의 절반이 끝났다. 다윈은 이것만으로도 충분히 만족스러웠다.

그 나이 먹도록 결혼도 안 하고 뭐해?

언제까지 하고 싶은 것만 하고 살 수 있을 줄 알아?

사회는 다양한 방식으로 통일성을 강요해왔고

우린 자신도 모르는 사이에 튀지 않으려고 조심조심하며 살아왔다.

행복이나 이상 따위는

철없고 세상 물정 모르는 것으로 싸잡아 짓밟혔다.

이 축제는 그렇게 온 세상의 마이너리티들에게

손을 내밀고 있었다.

기죽지 말고 함께 싸우자고, 행복하자고.

마디그라. 자유로운 시드니에 딱 어울리는 축제였다.

나는 내가 낼 수 있는 최대한의 소리를 끌어모아 그들에게,

그리고 우리에게 환호를 보냈다.

- 시드니, <이별에 대처하는 우리들의 자세>

Queensland
New South Wales

퀸즐랜드(Queensland)

축복받은 녹색의 땅

놀리기라도 하듯, 다윈을 빠져나오자마자 쨍하니 해가 떴다. 우린 지난
번 비 때문에 돌아섰던 캐서린 협곡 국립공원을 둘러본 뒤 퀸즐랜드로
뻗어 있는 사바나 길(Savannah Way)의 일부 구간으로 들어섰다.

　　사바나 길은 서호주의 브룸에서 노던테리토리를 거쳐 퀸즐랜드 북
부 열대지역까지 이어진 3,700킬로미터의 아웃백 도로다. 험준한 사막
과 수려하고 독특한 국립공원들, 세계 문화유산으로 지정된 열대 습윤
지역같이 호주의 다양한 자연환경을 경험할 수 있는 매력적인 루트지만,

아웃백이 그렇듯 이 길을 선택하는 이들은 많지 않다.

　그러나 나는 이 길이 척박하고 먼지투성이인 것이, 그리하여 인적이
드문 것이 다행일 수가 없었다. 텅 비어 있을수록 내가 누릴 수 있는 자
유가 커진다는 걸 잘 알기 때문이다. 우드나다타 트랙을 지나기 전만 해
도 상상할 수 없던 일이지만 나는 그 어떤 화려한 도시들보다 아웃백이
좋았다. 아니, 사랑했다.

　수십 마리씩 떼 지어 다니는 새들은 늘 다정했고, 도로로 거침없이
뛰어드는 도마뱀 덕분에 우린 자주 차를 세웠다. 굵은 소금 같은 별들과
거대한 보름달을 볼 때면 가슴이 벅차올랐다. 빛바랜 연회색 덤불 사이
로 지나가는, 더위에 축 늘어진 소떼를 마주칠 때면 산다는 것이 그토록

감격스러울 수가 없었다. 특히 거대한 하늘이 좋았는데 오직 그것 때문에 여기 좀 더 머물고 싶을 만큼 맹목적인 연정이었다.

노던테리토리의 마지막 로드 하우스(Barkly Homestead)에 들렀다. 하루 전 만 해도 비가 줄줄 내리던 곳에 있었다는 게 믿기지 않을 만큼 후끈 달아오른 오후였다. 작은 가게 입구에는 "직접 전기를 발전시켜 사용하고 있으므로 요금이 비싸더라도 이해 바란다."는 안내문이 붙어 있었다. 이웃도 없고, 날씨마저 혹독한 곳에서 직접 발전기를 돌리며 사는 인생은 어떨까. 화단에는 튤립처럼 생긴 빨간 꽃이 싱그럽게 피어 있었다. 어쩌면 이들은 내가 상상하는 것만큼 외롭지 않을지도 모른다는 생각이 들었다. 시원한 물을 한 병 사고 주유를 한 뒤 다시 길을 재촉했다. 그리고 정확히 한나절 뒤, 한 도시에 들어섰다. 직접 보지 않았다면 아웃백 한가운데에 이런 곳이 있으리라고 상상할 수 없을 만큼 울창한 녹음이 어우러진 곳이었다.

여기에 어떻게 도시가 세워졌을까. 아무리 여러 번 봐도 같은 부분에서 웃음이 터지는 개그 프로그램처럼 나는 아웃백에 자리 잡은 도시에 들어설 때마다 똑같이 감격스러웠다. 특히 마운트 아이자(Mt Isa, 세계 3대 은산지, 세계 10대 구리 및 아연산지, 현지인들은 '아이자'라고 부르는 걸 좋아한단다)는 좀 더 특별했다. 가장 가까운 두 도시인 케언스에서 1,200킬로미터, 다윈에서 1,600킬로미터나 떨어져 있을 만큼 굉장한 오지이기 때문이다. 퍼스에서 600여 킬로미터 내륙에 자리 잡고 있던 호주 제1의 금광산지 칼굴리도 여기에 비하면 양반이었다.

특히 비지터 센터 'Outback at Isa'는 여기 지역민들의 자랑이었다.

우리가 새로운 장소에 도착할 때마다 비지터 센터부터 들르는 이유는 두 가지였다. 지도를 구하거나 엽서를 사야 했고, 무엇보다 그곳의 분위기를 감지할 수 있는 가장 쉬운 방법이었기 때문이다. 판단 기준은 건물 사이즈나 화려한 정도가 아니었다. 하나라도 더 알려주고, 보여주고, 도와주고 싶은 마음은 어떻게든 드러나기 마련이었는데, 그러다 보니 철저히 '남'을 위한 공간에 공을 들인 지역은 왠지 더 마음이 쓰였다. 그래서 볼거리가 상대적으로 덜한 곳이라도 비지터 센터가 잘 꾸며져 있으면 더 머물고 싶거나 아예 좋았던 곳으로 기억되기도 했다.

그런 면에서 아이자는 시작부터 좋았다. 대규모 프로젝트로 세워졌을 법한 웅장한 건물은 호주 어떤 대도시의 비지터 센터와 비교해도 손색이 없었고, 깨끗하고 따뜻한 물이 콸콸 나오는 완벽한 샤워시설까지 갖춰져 있었다. 무엇보다 이곳의 마스코트 Kenneth(어정쩡하게 엉덩이를 드러내고 있는 쇠로 된 인형이다)는 이 도시 사람들에 대한 궁금증을 증폭시켰다. 한 부스 전체가 그의 벗겨진 엉덩이를 가운데 두고 찍은 퀸즐랜드 아웃백 사진들로 전시되어 있었는데 그 익살맞음이 무척 유쾌했다. 이방인을 편안하게 해주고 그들에게 좋은 인상을 주기 위해 노력하는 사람들. 이런 배려와 열정에 가슴이 뜨거워지지 않는다면 어떤 일에 감동할 수 있을지 난 모르겠다.

아이자의 전망대에서 우린 뜻밖의 일행을 마주쳤다. 엄밀히 말하면 네 명의 한국남자를 스쳐 지나갔다. 유명한 관광지도 아니고 여행객 자체가 별로 없는 오지에서 한국 사람을 만난 건 처음이었다.

전망대 주차장에 세워진 그들의 차를 보았을 때 나는 마음이 설렜다. 누가 봐도 더럽고 오래된 차였다. 한참 후배들인 것 같은데 여행 중일까, 아니면 일자리를 찾아 여기까지 온 워홀러들일까. 폼 나는 유럽도,

동부 해안의 화려한 대도시도 아니고 열악한 것투성이인 아웃백에서 젊음을 불사르는 그들이 그렇게 반가울 수가 없었다.

어느새 나는 그들과 무얼 하며 시간을 보내면 좋을지 상상하고 있었다. 일단 에어컨이 빵빵한 맥도널드로 데려가서 제일 비싼 햄버거 세트를 먹이자. 그러다 말이 통하고 맘이 맞으면 근처 카라반 파크에서 하룻밤 놀다 가지 뭐. 소고기를 굽고 포도주를 마시고. 생각만 해도 재밌는 추억이 될 것 같았다. 선글라스 고쳐 쓰고 주차장을 나와 전망대로 들어서는데, 쌩~ 그들은 눈길 한번 주지 않고 제 차로 들어가 버렸다. 맥도널드는 무슨, 한국인이냐고 말 붙일 틈조차 없었다.

둘이 여행하는 게 아쉬운 건 이럴 때였다. 워낙 광활한 대륙이다 보니 다른 여행자들과 마주칠 일도 별로 없었지만, 그런 일이 생겨도 이상하게 어울릴 기회가 거의 없었다. 이해는 갔다. 나 역시 여행지에서 다른 사람들, 특히 한국인들과 어울리는 걸 즐기는 편이 아니었으니까. 더구나 동행인까지 있으니 일부러 나서서 다른 이들을 사귀어야 할 필요도 없었을 것이다. 그래도 여긴 한국인지 호주인지 헷갈릴 만큼 한국 사람이 많은 시드니도 아니고 '사람 자체'가 반가운 아웃백인데. 그때는 우리와 엮이지 않으려고 재빨리 자리를 피해버린 그들의 뒷모습은 야속했지만, 지금 생각하면 같은 말을 한다는 이유로 쉽게 영혼을 나눌 수 있을 거라고 기대했던 것 자체가 식민시대에나 어울릴법한 민족주의적 발상이 아니었나 싶다.

그날 밤, 갑자기 서늘해진 밤 공기에 보자기에 싸두었던 이불까지 꺼내 덮고 무려 열두 시간이나 푹 잤다. 낯선 기후, 낯선 색깔, 낯선 공기. 그리고 동부 해안 곳곳에 진을 치고 있을, 우리와 마주치는 게 반갑지 않을 한국인들. 퀸즐랜드가 본격적으로 시작되는 아이자에서 우리도 새 장소에 대한 시차 적응을 시작했다.

여전히 계속되는 사바나 길. 마운트 아이자를 나와 다시 황량한 아웃백을 달렸다. 그러다 어느 순간, 키가 크고 푸른 나무들이 하나둘 나타나더니 어느덧 녹색으로 가득한 숲에 들어와 있었다. 퀸즐랜드 고원지대였다. 그중에서도 레이븐슈(Ravenshoe)에서 애써톤(Atherton)까지 이어지는 길은 녹색의 퀸즐랜드를 경험할 수 있는 최고의 코스였다.

레이븐슈의 아담한 비지터 센터. 반갑게 여행자들을 맞이하는 이들은 놀랍게도 백발이 완연한 노인들이었다. 옆구리에 성경책을 끼고 교회에 가면 어울릴 법한 단정한 차림의 할아버지 할머니가 지도에 빨간 펜으로 표시해가며 정확한 발음으로 천천히 설명해주었다. 촉촉한 눈으로 손주들 바라보듯 여행자들을 살뜰히 챙기는 노인들. 나이를 먹었다고 누구나 다 너그럽고 존경할 만한 어른이 되는 건 아니었다. 나도 이렇게 말랑말랑한 어른으로 늙고 싶었다.

여행하면서 (혹은 나이가 들면서) 확실히 알게 된 것은 '시간'의 놀라운 힘이었다. 화초 키우는 즐거움도, 비우는 만큼 채울 수 있다는 것도, 호주 오기 전까진 체감하지 못했던 것들이다. 여행도 그랬다. 처음엔 무작정 많은 곳을 가고 싶었다. 맘만 먹으면 1년 안에 세계 일주도 가능한 세상이었다. 그런데 언제부턴가 좋아하는 장소 한두 곳을 마음에 새기는 일이 더 좋아졌다. 세계 일주가 목표였던 때보다 세상엔 멋진 곳이 너무 많아서 죽을 때까지 도저히 다 볼 수 없다는 것, 아니 다 볼 필요도 없다는 것을 어렴풋이 깨달은 지금이 훨씬 더 행복했다.

고원지대의 하이라이트는 레이븐슈에서 밀라 밀라(Millaa Millaa) 방면으로 달리는 시닉 드라이브(scenic drive) 길이었다. 초록빛의 구불구불한 산길을 끊임없이 오르내리며 울창한 숲을 지나 산마루에 이르자 눈앞에 아늑한 평지가 펼쳐졌다. 거기엔 충분한 햇살과 물을 먹고 자란 초록색 풀이 빈틈없이 깔렸고, 그 풀을 뜯어 먹는 소들과 굴뚝에서 연기를 내 뿜는 농가 몇 채가 평온하게 서 있었다. 양지바른 구릉을 넘어서면 녹음이 나타났고, 그 너머에는 또 다른 녹음이, 그 녹음의 뒤에도 또 그 뒤에도…… 눈에 보이는 모든 것은 온통 '푸름' 그 자체였다.

하도 아름다운 장면이 반복되니까 쉼표가 없는 악보를 따라 노래를 부르는 것처럼 호흡이 가빠졌다. 차를 세우고 밖으로 나오자 기다렸다는 듯 선선한 고원의 바람이 뺨에 와 닿았다. 놀라웠다. 상상만 해왔던 풍경이 실제 했다니. 햇볕이 잘 드는 초록으로 둘러싸인 작은 마을. 난 언제나 이런 곳에서 살고 싶었다.

"저 푸른 초원 위에 그림 같은 집을 짓고 사랑하는 우리 님과 한 백년 살고 싶소."

차로 돌아온 그가 계속 흥얼거렸다. 지금 이 순간과 딱 어울리는 노래였다. 그리고 26킬로미터의 시닉 드라이브 길이 끝났다. 지금부턴 진짜 퀸즐랜드였다. '바다' 하면 떠올릴 수 있는 모든 즐길 거리가 가득한 도시와 섬이 즐비한 여행자들의 천국에 들어선 것이다.

더위도, 파리도, 바퀴벌레도, 아웃백도 모두 안녕. 개학이 며칠 앞으로 다가온 여름방학 끝 무렵처럼 괜히 서운한 마음이 들었다. 🖎

케언스(Cairns)

아무리 반복해도 익숙해지지 않은 일들

이마가 벗겨질 듯 내리쬐는 햇볕이, 허허벌판이 이토록 빨리 그리워질 줄이야.

애써톤 고원에서 케언스로 가는 길은 무척 고달팠다. 시작부터 끝까지 온통 급커브인 열대 습윤의 산맥(Wet Tropics World Heritage Area)을 통과해야 했기 때문이다. 길이 가뜩이나 좁고 가팔라서 신경이 곤두서있는데 반대편의 차들은 어찌나 씽씽 내달리던지, 울퉁불퉁한 비포장 도로를 지날 때만큼이나 온몸에 힘이 들어갔다. 줄기가 흐물거리는 열

대 습윤의 풍경도 별로였다. 숲은 눅눅하고 음산했으며, 한낮인데도 헤드라이트를 켜야 할 만큼 어두웠다. 다윈을 떠난 이후로 여러 날 야영만한데다 생리전초전 증상까지 겹친 나는 어서 뜨뜻한 물에 샤워하고 눕고만 싶었다.

시드니와 멜번이 호주를 대표하는 고전적인 관광지라면 케언스는 새롭게 부상하는 뉴 플레이스였다. 서울로 치면 강남역과 압구정역 사이에 있는 신사동 가로수길쯤 될까. 그렇다고 시드니 언저리 어디쯤 있을 거라고 넘겨짚지는 마시길. 퀸즐랜드의 주도인 브리즈번에서 1,600여 킬로미터, 시드니에서는 무려 2,500킬로미터나 떨어져 있으니 말이다.

사실 쇼핑센터 일색인 케언스 도심 자체는 이렇다 할 특색이 없다.

로컬들이 자랑스러워하는 인공 해변 '라군'이 있지만, 호주에 수없이 널린 아름다운 '진짜' 해변에 비할 수는 없다. 그러나 비교적 저렴한 비용으로 퀸즐랜드의 다양한 자연경관을 즐기기에 이보다 더 좋은 베이스캠프는 없을 것이다.

일단 동부해안의 상징이나 다름없는 그레이트 배리어 리프와의 접근성이 좋고, 당일치기로 급류 래프팅, 번지점프, 스카이다이빙, 헬기투어, 야간 동물원 투어도 할 수 있다. 내륙에는 그림 같이 아름다운 애써톤 고원이 있고, 세계유산으로 지정된 열대 습윤 지역도 있다. 좀 더 다이내믹한 경험을 하고 싶다면 쿡타운(Cooktown) 너머에 있는 호주의 최북단 케이프 요크 반도(Cape York Peninsula)를, 우리처럼 사바나 길을 따라 노던테리토리를 거쳐 서호주에 이르는 아웃백을 탐험해보길 추천한다.

드디어 도심의 어지러운 불빛이 거리로 쏟아졌다. 케언스에 들어선 것이다. 대형 쇼핑센터와 모텔, 주유소, 온갖 음식점들이 우후죽순으로 늘어선 길 끝에서 우리는 반가운 얼굴, 티스를 만났다.

티스는 호주에 오기 전 필리핀의 한 어학원에서 만난 선배다.

대학생들 틈에서 이십 대 후반이었던 우리 부부는 꽤 고령에 속했는데, 그는 우리보다도 네다섯 살 더 많았다. 이미 워킹홀리데이로 호주에 다녀왔고, 그때는 호주 이민을 준비하며 필요한 사업상의 일을 처리할 목적으로 체류하는 중이었다. 그는 튜터, 학생, 사업가, 필리핀 사람, 한국 사람 가리지 않는 마당발이었던 탓에 우리와 같이 어울렸던 적은 고작 몇 번이었지만, 우리가 케언스로 간다는 말에 흔쾌히 방 하나를 내주겠다고 했다.

아는 사람의 집에 머무는 것. 숙박비용을 아낄 수 있는 절호의 기회였지만 선뜻 결정을 못 내렸다. 신세 지는 것이 미안해서 돈은 돈대로 쓰고 괜히 불편하게 지내다가 영원히 안 보는 사이가 될까 봐 두려웠다. 게다가 그는 곧 결혼할 여자 친구(그것도 일본인)와 살고 있었다. 그냥 내 돈 주고 카라반 파크에 며칠 머물다 가는 게 속 편할 수도 있었다. 그래도 그의 성의가 고마워서 일단 첫날밤은 그의 집에서 자기로 했다. 다른 곳으로 옮길지 말지는 그 후에 생각하기로.

그는 서재 한쪽에 짐을 내려놓자마자 그의 차로 우리를 밀어 넣더니 언뜻 봐도 고급스러운 리조트로 끌고 갔다. 그는 정갈하게 관리된 야외 수영장 한쪽에 자리를 잡고 바리바리 싸들고 온 비닐봉지에서 삼겹살, 쌈장, 김치를 차례차례 꺼냈다. 얌전히 서서 고기나 구울 생각이었던 나는 하도 물에 들어가 놀라는 그의 성화에 못 이겨 풀장 끄트머리에 발을 담그고 앉았다.

반대쪽에는 긴 생머리의 백인 여자 일행이 있었다. 비키니 차림의 그녀들은 한 손에는 포도주잔을 들고 마치 영화의 주인공처럼 우아하게 물속에 몸을 담그고 있었다. 맞아, 저 정도는 돼야지. 아무리 봐도 지금 내 꼴과 이 리조트는 전혀 안 어울렸다. 며칠 동안 감지 못한 머리는 멋대로 엉겨붙었고, 내가 훈장처럼 여기는 시커멓게 탄 얼굴과 팔다리도 아웃백에서나 빛이 나지, 도시에서는 영 볼품이 없었다. 게다가 2년 만에 재회한 선배에게 선사한 것이라곤 몸에서 진동하는 썩은 내뿐이라니.

그러나 의기소침했던 것도 그때뿐이었다. 지글지글 잘도 익은 삼겹살에 쌈장을 듬뿍 묻혀 무 쌈에 돌돌 말아 입에 넣는 순간, 모든 근심 걱정과 부끄러움이 사라지고 식신 본능만 남아버렸다. 단언컨대, 그때까지 먹은 삼겹살 중 최고로 맛있었다.

첫날의 고민과는 달리 우리는 그의 집에서 무려 일주일 하고도 하루를 더 머물렀다. 그와 그레이트 배리어 리프에 함께 갈 수 있는 날짜를 정하다 보니 그렇게 됐지만 지금 생각해도 대단한 민폐였다.

처음 하루 이틀은 마음이 불편했다. 그러나 곧 퍼스와 다윈에서처럼 숙소에서 맘껏 먹고, 놀고, 자는 패턴에 익숙해졌다. 오전에 티스와 쿠미코가 출근하면 우린 천천히 아침을 해먹었고, 배가 부르면 지겨워질 때까지 낮잠을 잤다. 오후엔 선풍기 앞에 앉아 수박을 오물거리며 그의 책장에 꽂혀 있는 소설을 읽었다. 기분이 내키는 날은 도시락을 싸서 팜 코브나 포트 더글라스, 쿠란다 같은 곳을 다녀왔다. 그리고 다리가 아플 때까지 시내를 어슬렁거리며 장을 본 다음 집으로 돌아와 맛있는 저녁을 해먹었다. 비록 박쥐 똥 세례를 맞을 각오는 해야 했지만 요일과 시간대를 불문하고 (박쥐 똥 때문에) 항상 빈자리가 있는 무료 주차장도 알아냈다.

그렇게 각자 일정대로 하루를 보낸 두 쌍은 밤마다 헤쳐 모여 한국어와 일본어, 영어를 섞어가며 수다를 떨었다. 그의 예비신부 쿠미코 상은 작고 귀여웠지만 단단한 자아가 느껴지는 여성이었다. 특히 케언스에 자리 잡기 전 호주 이곳저곳을 여행했다는 그녀와의 대화는 언제나 즐거웠는데, 카리지니의 가치를 아는 이를 만난 것 자체가 감동이었다.

아껴가며 먹었을 게 분명한 살이 두툼한 쥐포가 구워져 나왔고, 우린 낮에 사온 수박을 꺼냈다. 천장을 뚫기라도 할 듯 매섭게 쏟아지는 빗소리를 들으며 시원한 맥주를 들이켰다. 액티비티의 천국에서 아무것도 안 하고 빈둥대다니. 이보다 더 통쾌하게 케언스를 즐길 수는 없을 거라고 생각했다.

시간은 잘도 흘러 생리도 끝나가고, 떠날 날짜도 다가왔다. 본격적으로 액티비티에, 케언스에 집중할 때였다. 할 거리가 너무 많았으나 우린 시간과 비용을 고려해 세 가지를 골랐다. 래프팅, 스킨스쿠버 다이빙, 그리고 야간 동물원 투어. 끝까지 치열한 접전을 벌인 번지점프와 스카이다이빙은 (어느 세월에 실현될지는 모르겠지만) 뉴질랜드에서 하기로 했다.

래프팅 가는 날 아침 6시 30분. 야영했다면 자연스럽게 눈이 떠졌을 시간이건만 며칠 쉬었다고 벌써 피곤하게 느껴졌다. 익숙하지 않은 콘택트렌즈와 사투를 벌이느라 눈의 흰자위가 벌건 남편의 손을 잡고 집을 나섰다. 작은 봉고차 여러 대에 실려 온 투어객들은 커다란 고속버스 한 대를 가득 채웠다.

목적지는 툴리 강(Tully River). 단체 투어가 처음인 우리는 적당히 소란스러운 실내 분위기에 적응하며 잠을 깼다. 모두가 다가올 일들에 한껏 부풀어 있었다. 여행자들의 복장을 관찰하는 것도 재밌었다. 모자와 선글라스, 그리고 얇은 긴소매와 긴 바지로 온몸을 칭칭 감쌌다면 한국 여자, 뜻밖에도 일본 여자들은 몸매의 좋고 나쁨과 상관없이 비키니를 입었다. 유럽 여자들은 반바지에 탱크톱 혹은 비키니 상의가 대세였다.

"나는 래프팅을 할 수 있는 건강한 신체를 가졌으며, 이에 관한 사고는 모두 나의 책임이다."는 내용에 사인한 뒤 팀을 짜기 시작했다. 처음부터 짝을 지어 온 이들을 제외하고는 국가별, 지역별로 묶였다. 유럽에서 온 금발의 백인팀, 사요나라 일본팀, 우리는 세 명의 다른 한국인과 한 명의 인도여자와 한팀이 되었다.

오전에 4킬로미터, 점심 먹고 8킬로미터, 총 12킬로미터에 퍼져 있는 44개의 포인트 구간을 지나는 건 상당한 체력이 소모되는 일이었다. 구명조끼를 입긴 했어도 래프팅이 처음인 나는 무척 긴장됐다. 아마 신부대기실에 앉아 있을 때처럼 입은 웃고 있는데 눈은 울고 있는, 괴상한 표정이었으리라. 오늘 나의 생사를 쥐고 있는 가이드 크리스에게 눈짓을 보냈다. 난 래프팅이 처음이라고, 물을 무척 무서워한다고. 노 워리스. 그는 걱정하지 말라는 듯 눈을 찡긋 해 보였다.

"으악~~~!!!"

드디어 첫 번째 급류. 무서움을 떨쳐내려고 복부에 잔뜩 힘을 주고서 있는 힘껏 소리를 질렀는데 에게, 고작 계단 서너 개 정도의 높이를 내려갔던 게 전부였다. 아이고 민망해라. 그래도 그 덕분에 이 정도면 할 만하겠다 싶었다.

사실 이날 내가 자신감을 갖게 된 데는 지대한 공헌자가 있었다. 바로 스물두 살의 인도 아가씨. 브리즈번에서 유학 중인 그녀는 누가 봐도 물을 싫어했다. 서서히 적응을 마친 나머지 사람들이 가장 스릴 있는 앞자리를 욕심낼 때나 수영 포인트에 도착해서도, 꿋꿋하게 가이드의 오른쪽 뒷자리에만 앉아 있었다. 그날 투어에 참가한 버스 한 대 분량의 사람 중 3미터 높이의 바위에서 뛰어내리지 않은 유일한 사람이기도 했다.

사실 나도 다이빙 타이밍에서는 몹시 망설였다. 처음부터 요지부동인 그녀 옆에 슬며시 앉아 남들이 떨어지는 걸 구경만 하고 싶었다. 다들 아무렇지 않게 툼벙툼벙 뛰어들 때마다 정말이지 도살장에 끌려온 양처럼 저절로 뒷걸음질이 쳐졌다. 내가 사색이 되어가는 줄도 모르고 남편은 얼른 뛰어내리고 싶어 안달이 나 있었다. 나는 그의 팔을 붙잡고 신신당부를 했다.

"내가 어디로 가라앉는지 잘 봐뒀다가 떠오르자마자 꼭 잡아줘!"

내 말을 들었는지 어쨌는지, 제대로 대답도 안 한 그가 바위에서 사라졌다. 그리고 곧 수면으로 떠오르더니 엄지손가락을 치켜들며 얼른 들어오라는 신호를 보냈다. 하나둘 다 내려가고 남은 사람이 몇 명 없었다. 서서히 내 차례가 다가왔다. 그런데 가위에 눌려 손끝 발끝도 못 움직이던 순간처럼 도저히 발이 떨어지지 않았다.

두 가지 중에 선택할 수 있었다. 지금이라도 저 인도여자 옆에 가서 쭈그려 있던가, 아니면 다이빙 비슷한 것을 해내던가. 다행히 난 자존심을 택했다. 먼저 떨어진 사람들을 관찰해보니 물에 들어갔다가 나오기까지 대략 2초 정도 걸리는 것 같았다. 저 아래서 나를 기다리고 있는 그를 한 번 믿어보기로 했다.

'내가 입은 구명조끼가 불량은 아니겠지? 2초 동안 숨을 못 참아서 물을 잔뜩 먹는다 해도 바로 죽지는 않을 거야. 설사 무슨 문제가 생기면 저들 중 하나는 나를 구하러 올거야. 바위에서 떨어지는 순간, 놀란 가슴이 먼저 터져버리지만 않는다면 난 2초 뒤에 다시 이 맑은 공기를 들이켜는 거다.'

바위 끝에 섰다. 다들 나만 보고 있었다. 하늘을 올려다보았다. 한 마리의 자유로운 새. 동물로 태어난다면 늘 새가 되면 좋겠다고 상상했었다. 그리고 하나둘 셋, 새처럼 양팔을 우아하게 펼치고 힘차게 몸을 공중에 띄워 보냈다, 고 생각했는데 현실은 늘 그렇듯 처참했다.

엉덩이를 뒤로 쭉 빼고 어정쩡하게 서 있던 나는 오른손 엄지와 검지로 코를 막고 왼손으로는 안전모를 붙잡고 개구리같이 다리를 쩍 벌린 채 볼품없이 추락하고 말았다. 날았다는 느낌은 전혀 없었다. 그저 살았다는 안도감, 이 정도의 높이에서도 몸이 물 표면에 닿는 찰나의 고통이 있다는 것, 철퍼덕하는 둔탁한 소리와 함께 물속에 잠기던 순간의 무중력 상태, 그리고 다시 떠오르면서 코 주위로 번지던 알싸한 느낌이 다였다. 다행히 심장은 터지지 않았고 구명조끼는 제 역할을 해냈다.

다시 코로 숨을 쉬었을 때 그가 눈앞에 있었다. 민망한 쩍벌녀 포즈는 잊어주길 바라며 그의 입술에 가벼운 입맞춤을 했다. 사실 나는 무척 흥분해 있었다. 도저히 뛰어넘을 수 없을 줄로만 알았던 두꺼운 장벽 하나를 헤치운 기분이랄까. 앞으로 무슨 일이든 해낼 수 있을 것만 같았다.

다이빙과 유쾌한 크리스 덕분에 긴장이 완전히 풀렸다. 그가 주문하는 대로 포워드, 백 워드, 노를 젓다 말고 좌로, 우로, 우르르 모여 앉고, 폭포에서 물벼락도 맞고, 뒤집힌 배에 갇히기도 하면서 신 나게 웃어 젖혔더니 어느새 12킬로미터의 질주가, 하루가 끝나 있었다. 직사광선을 그대로 받아낸 허벅지가 벌겋게 달아올라 화끈거렸지만 그것마저 좋았다.

나 같은 초보를 위한 래프팅 팁 세 가지를 소개한다.

1. 선크림은 사치가 아니라 필수, 특히 반바지를 입었다면 다리 앞쪽

을 특히 신경 쓸 것.

2. 적응됐다면 되도록 앞자리에 앉자. 스릴이 남다르다.

3. 사진 찍는 구간에서 표정 관리하기. 남는 것은 언제나 사진뿐!

그리고 드디어 동부 해안의 하이라이트, 그레이트 배리어 리프와 스킨스쿠버 다이빙에 관해 이야기할 차례다.

호주 하면 바다, 바다 하면 동부 해안, 동부 해안 하면 그레이트 배리어 리프였다. <니모를 찾아서>에서 니모가 다이버에게 잡힌 곳도 바로 여기였다. 케언스에 도착해서부터 그는 매우 흥분해 있었다. 닥치는 대로 여행사에 들어가 견적을 내 볼 만큼 열성적이었다. 닝갈루 리프의 설움을 풀 기회가 왔으니 그럴 만도 했다.

그런데 나는 갑갑했다. 바닷속에서 허우적댈 걸 생각하니 벌써 숨이 가빠졌다. 그러나 툴리 강 바위 위에 서 있을 때처럼 물러설 곳이 없었다. 죽든 살든 물속으로 뛰어들어야 했다. 마침내 올 것이 온 것이다.

다이빙. 아무리 반복해도 익숙해지지 않은 것, 첫 번째.

스킨스쿠버 다이빙을 시작한 건 순전히 남편 때문이었다. 그는 내가 새로운 일 앞에서 머뭇거릴 때마다 '모험심'이니 '도전'이니 하는 단어들을 입에 올리며 나를 자극했다. 어쨌거나 물보다는 산이 좋고, 수영도 못할 뿐만 아니라, 물에 대한 절대적인 두려움마저 있는 내가 산소통을 메고 바닷속에 뛰어들게 된 건, 아직 오지 않은 내 인생을 다 합쳐도 가장 도전적인 사건으로 기록되리라.

희한한 건 도대체 익숙해지지가 않는다는 거다. 열 번 넘게 바닷물에 들어갔지만 정말이지 똑같이 두렵고 똑같이 무서웠다. 그렇게 매번 죽음의 공포에 시달리면서도 멈추지 않았던 건 물속 세상이 너무나 매력적이기 때문이다. 특히 우리가 훈련을 받았던 필리핀의 팔라완 섬은 세계적인 다이빙 포인트라는 명성답게 환상적이라고 밖에 표현할 길이 없었다.

원하는 높이와 위치에 떠 있을 만큼 부력을 조절할 수 있게 되자 그때부터 바닷속 풍경이 눈에 들어오기 시작했다. 마치 거대한 수족관에 들어온 기분이었다. 빨강, 파랑, 노랑, 보라, 검정, 그리고 각각의 색을 전부 가진 물고기들. 살아 움직이는 수채물감들이 우리 사이를 아무렇지 않게 돌아다녔다. 개 중에는 물안경 너머 내 눈을 똑바로 바라보며 호기롭게 다가오는 것들도 있었다.

흡~트르르르르, 흡~트르르르르

호흡기를 통해 내 숨소리만 들렸다. 온 세상이 침묵한 것처럼 고요했다. 아주 잠깐이지만, 그 순간 만큼은 물이 나를 받아들여 주었다는 생각이 들어 무척 감동적이었다. 햇빛을 받아 반짝거리는, 봄날의 꽃밭처럼 알록달록한 산호들이 끝도 없이 펼쳐져 있는 걸 보고 있으면 기껏해야 한 시간밖에 견디지 못하는 산소통이 원망스럽기도 했다. 아무튼 일주일 내내 바닷속을 떠다닌 덕분에 두 개의 다이빙 자격증을 지갑에 끼워둘 수 있게 되었고, 그 뒤로 2년 만에 다시 다이빙하게 된 것이다.

케언스를 떠난 지 세 시간 정도 되자, 사방이 탁 트인 바다 한가운데 배가 멈췄다. 거기에는 평평한 바닥에 지붕이 달린 또 다른 커다란 배 한 척이 둥둥 떠 있었다. 우린 타고 온 배의 갑판을 지나 그곳으로 이동했다. 점심 전에 각자가 선택한 액티비티를 즐길 시간이었다.

수영복 위에 검은색 다이빙복을 겹쳐 입으면서 나는 2년 전과 똑같이 두렵고, 무섭고, 침울한 기분에 휩싸였다. 일광욕을 즐기려는지 햇빛이 잘 드는 갑판에 자리를 잡는 사람들이 보였다. 마음만 먹으면 수중조망실로 가거나 반잠수정에 올라 편안하게 죽을 걱정 안 하고 그레이트 배리어 리프를 즐길 수도 있는데, 난 또 왜 이 짓을 하고 있단 말인가. 나만 빼고 모두 행복해 보였다. 그는 얼른 다이빙하고 나와 스노클링을 하자며 자꾸만 재촉했다.

후우~~ 폐에 들어 있는 공기가 몽땅 다 빠져나올 만큼 긴 한숨을 쉬었다. 몸이 점점 아래로 내려갔다. 금방 귀가 먹먹해졌다. 겨우 도착한 바닥에는 커다란 수중 카메라를 든 남자가 기다리고 있었다. 그레이트 배리어 리프 인증사진을 찍어주는 사람이다. 한참만이라 부력조절은 물론 입으로만 숨을 쉬는 것도 힘든데, 사진사는 내 머리통만 한 물고기가 근처로 다가올 때마다 카메라를 바라보라며 난리를 쳤다. 나보다 먼저 사진을 찍은 그는 벌써 저만치 앞서 가 있었다. 난 한 손으로 바닥에 깔린 봉을 잡고 다른 손으로 엄지손가락을 들고는 최대한 여유로운 척 포즈를 취했다.

그레이트 배리어 리프가 유명한 이유는 호주의 다른 명물들처럼 거대한 사이즈 때문이다. 심지어 얼마나 큰지, 어떤 생물이 살아가는지에 대한 조사는 여전히 진행 중인데, 대략 30만 제곱킬로미터의 면적에 2,700킬로미터에 이르는, 어쨌든 영국보다는 확실히 큰 세계에서 가장 큰 산호초 군락이다.

그러나 안타깝게도 광활한 크기나 알려진 바에 비해 물속 풍경 자체는 시시했다. 산호들은 누르스름하니 활기가 없었고 물고기도 얼마 없어 심심했다. 사실 모든 것이 팔라완 섬보다 한참 떨어졌다. 그러나 수천 킬로미터에 이르는 산호초의 극히 일부를 보고 전체를 판단해서는 안 될 일이다. 중요한 건 내가 다시 한 번 물속에 뛰어들었다는 것, 그래서 다음번을 또 기대하게 되었다는 것이다. 죽을지도 모른다는 불안감은 여전하더라도. 그래도 마음만은 무척 홀가분했다. 호주 일주를 하는 동안 반드시 해야 할 1순위의 과제가 드디어 끝났기 때문이다. 물속에서 찍은 사진도 제법 마음에 들었다(사진 속의 나는 다이빙 마니아처럼 보인다). 배에서 제공하는 점심을 배불리 먹고 스노클링까지 한 뒤 다시 케언스로 돌아오는 동안 코까지 골며 곯아떨어졌다. 과업을 훌륭히 해낸 자들의 영광의 시간이었다.

떠나는 날 아침 'I Love Cairns'라고 쓰여 있는 하얀 티셔츠를 입었다. 쿠미코 상이 선물해 준 것이다. 모든 짐을 하니로 밀어 넣은 뒤, 네 어른은 긴 포옹을 나누었다.

"또 놀러 와라."
"덕분에 정말 잘 지내다 가요. 다음엔 우리가 초대할게요."
"땡큐, 사요나라~~."

아무리 반복해도 익숙해지지 않은 것 두 번째, 이별.
우리는 모두 잘 알고 있었다. 이 순간이 지나면 다음번을 기약하기란 무척 힘들다는 것을. 그들은 여기에서 우리는 한국에서. 서로 치열하게 살아갈수록 다시 만나 밤새 맥주를 마시거나 그레이트 배리어 리프에서 같이 다이빙할 가능성은 더욱 희박하다는 것을.

아름다운 애써톤 고원, 툴리 강 래프팅, 3미터 바위 위에서 다이빙, 그레이트 배리어 리프, 니모를 찾아서, 야간동물원의 귀여운 악어 떼, 하니의 머리 꼭대기에 쉴 새 없이 똥을 싸댔던 박쥐 떼들, 그리고 티스와 쿠미코. 이 모두와 헤어져야 했다.

차에 올라타서도 한참 동안 손을 흔들었다. 그런데 촌스럽게 눈물 바람이 일 것 같은 위기도 잠시, 그들이 시야에서 사라지자마자 오늘 밤은 어디서 자야 하나 하는 생각으로 가득 차버렸다.

횟선데이 아일랜드(Whitsunday Island)
값을 매길 수 없는 것

한여름 논두렁 사이를 질주하는 기분으로 청록색의 사탕수수밭 사이를 몇 시간째 내달리다 보니 어느새 목적지까지 100여 킬로미터밖에 안 남아 있었다. 하늘도 우리를 축복해주는 건가. 아침저녁으로 흩뿌리던 비마저 말끔히 그치고 시퍼런 하늘이 등장했다. 횟선데이 아일랜드. 많은 이들이 '천국'으로 묘사하는 곳이었다. 그들 중 진짜로 천국을 본 이는 아무도 없겠지만 어쨌든 천국이란 건 인간이 할 수 있는 최고의 찬사이리라.

투어 상품도 알아보고 잠시 숨도 고를 겸, 주황색의 커다란 망고 조형물을 세워둔 보원(Bowen)의 비지터 센터에 들렀다. 호주 일주를 하는 동안 투어를 이용할 일은 거의 없었다. 차가 있으니 길만 뚫려 있으면 포장길이든, 자갈밭이든, 모래사장이든 어디든 갈 수 있었고, 정해진 스케줄에 맞춰 다니는 것도 우리 스타일이 아니었다. 그래도 투어가 아니면 안 될 때가 있다. 여기 횟선데이처럼 반드시 배를 타야만 갈 수 있는 곳. 최고급 선박 여행부터 섬에서 몇 밤 머무르는 캠핑 여행까지, 횟선데이를 즐기는 방법은 가격에 따라 천차만별이었다.

"이 가격에 횟선데이를 볼 수 있다는 건 대단한 행운이지요!"

눈치 빠른 직원이 특별 할인 중인 상품을 내밀었다. 저렴하면서도 상대적으로 만족도가 높은 상품을 찾던 우리에게 딱 맞는 하루짜리 여정이었다. 스노클링도 하고, 점심도 주고, 거기다 휫선데이 제도의 하이라이트인 휫선데이 섬까지 다녀오는 아주 알찬 구성이었다.

대부분 사람은 에얼리 비치(Airlie Beach, 휫선데이 제도로 가는 관문 격인 리조트 타운. 우리도 여기로 가는 중이었다)에서 우리보다 최소한 몇십 달러는 더 주고 구매하겠지? 이렇게 100킬로미터 전부터 부지런히 준비하면 이득을 볼 수 있는데도 말이야. 게으른 자들은 손해를 봐도 싸다!

예약증을 손에 쥔 나는 무척 기분이 좋았다. 여행 중 돈을 아끼는 것만큼 보람된 일도 없었다. 즐거움은 에얼리 비치에 도착해서도 계속됐다. 카라반 파크는 지금까지 머문 곳 중 단연 최고였다. 널찍하고 말끔한 실내는 새 가구와 가전제품으로 채워져 있었고 냉장고를 열었더니, 세상에나! "잘 머물다 가길 바란다."는 환영의 메시지와 함께 팀탐 초콜릿과 우유 한 팩이 가지런히 놓여 있었다. 대형 마트에 가서 소고기와 피자, 수박, 콜라를 사왔다. 모든 게 만족스러웠다.

그러나 다음 날 아침, 선착장에 도착한 나는 크게 실망하고 말았다. 우리를 기다리고 있던 건 에얼리 비치에 무수히 늘어서 있는 탈것 중 가장 작고 허름한 배였다. 이미 자리를 잡고 앉아 있는 사람들의 얼굴에도 이 정도일 줄은 몰랐다는 기색이 역력했다.

"그레이트 배리어 리프는 지급한 비용에 따라 누릴 수 있는 게 다르다."

지금 같은 자본주의 시대에 그렇지 않은 것이 무엇이 있겠느냐마는 이번만큼은 티스의 말이 옳았다. 좌석도 부족해서 출발하기 몇 분 전에 도착한 우리는 탁자도 없고, 햇빛을 가려줄 지붕도 닿지 않는 배의 뒤쪽으로 밀려났다. 아침부터 이러면 한낮은 어떻게 견디나. 선글라스도 소용없는 강렬한 햇살에 미간이 찌푸려졌다. 36명이 최대 정원이라던 책자의 설명과는 달리 운전사, 조리사, 두 명의 선원을 포함해 39명이 올라탄 뒤에야 배는 덜덜거리며 간신히 부두를 떠났다.

어차피 제일 저렴한 투어 중 하나였으니 배가 낡았어도 할 말은 없었다. 내 심기가 불편했던 건 배 안의 테이블에 놓여 있던, 보원에서 내가 지급한 것과 똑같은 금액이 적혀 있는 광고 전단 때문이었다. 이들과 똑같은 액수를 지급해서 화가 난 게 아니었다. 아니, 100킬로미터 떨어진 곳이든, 배가 떠나는 부두에서든, 같은 상품을 같은 비용으로 구매하는 게 공정했다. 그런데 보원의 비지터 센터 직원은 그러면 안 되는 거였다. 싼 것 중에서도 싼 것을 고르느라 고심하는 나에게 마치 선심 쓰듯 허세를 부렸다. 그 말에 혹한 나는 합리적인 소비를 한 줄 알고 우쭐거렸고.

왜 맨날 나만 이런 상황을 겪어야 하는 거야? 나는 그에게 화살을 돌렸다. 이런 비참한 기분은 죽었다 깨나도 알 리가 없는 저 인간은 어제도, 오늘도, 아마 앞으로도 쭉 눈치 없이 싱글거리기만 하겠지. 내가 (애초 있을 리가 없는) '가장 저렴하면서도 좋은 것'을 찾기 위해 잔머리를 굴릴 때마다 그는 한가롭게 엽서나 뒤적이며 시간을 보냈다. 돈 때문에 머리 아프고 스트레스받는 건 늘 내 몫이었다.

어쩌다 이 지경까지 됐을까. 돈 몇 푼에 나를 천국으로 데려다 줄지도 모를 배 안에서 짜증만 부리고 있다니.

나타났다 사라지기를 반복하는 하얀 물거품을 바라보고 있으려니 갑자기 내가 가여워졌다. 몇천 원밖에 안 하는 슬리퍼를 살 때도, 슈퍼에서 저녁거리를 고를 때도 나는 고작 1, 2달러에 벌벌 떨며 머뭇거렸다. 누구도 그러라고 강요한 적은 없었다. 그 역시 늘 다정하게 "가격에 상관없이 당신 마음에 드는 것을 고르라."고 했다. 나도 그러고 싶었다. 그러나 오랜 생각 끝에 집어 드는 거라곤 늘 '제일 싼 것, 혹은 제일 싼 것 중에서 두 번째' 것이었다.

"에에, 마이크 실험 중 마이크 실험 중."

흰색 유니폼에 까만 선글라스를 낀 젊은 남자가 마이크를 잡더니 오늘은 몇 월 며칠 블라 블라, 날씨가 어떻고 습도가 어떻고, 앞으로 우린 무슨 무슨 섬을 지나 몇 시에 점심을 먹을 예정이며 하는 방송을 했다. 피식 웃음이 나왔다. 비행기나 대형 크루즈면 몰라도 이렇게 작은 통통배에서 어울리지도 않게 "어텐션 플리즈"라니.

그래도 그 덕분에 바닥까지 가라앉았던 마음이 조금 풀렸다. 난 지금 이 순간과 관련 없는 일체의 모든 생각을 떨쳐버리려고 애썼다. 그것들에 얽매여 시간을 허비하기에 이곳은 무척 아름다웠다. 주변은 온통 에메랄드 빛 물이었다. 사실 비가 오지 않는 것만으로도 감사할 일이었다.

지붕 밑에 앉아 있던 사람들이 하나둘 겉옷을 벗어 던지고 우리가 있는 바깥쪽으로 나와 앉기 시작했다. 안내 방송이 끝난 뒤 배는 더 속력을 냈다. 이제 시끄러운 모터 소리만 남았다. 그의 허벅지에 머리를 베고 누웠다. 바람이 머리칼을 휘갈기며 지나갔고 간간이 물방울이 얼굴로 튀었다. 그가 손바닥으로 내 얼굴에 그늘을 만들어주었다. 그냥 이대로 쭉 달렸으면 싶었다.

후크 섬(Hook Island). 오늘의 스노클링 포인트에 도착했다. 투어를 예약할 때 다른 옵션도 추가할 수 있었는지 몇몇은 배가 멈추자마자 산소통을 메고 홀연히 사라졌다. 흰색 유니폼에 까만 선글라스를 낀 두 명의 젊은 가이드가 다시 등장했다. 그들은 배 안을 분주히 왔다 갔다 하며 고글과 호스, 오리발이 담긴 커다란 바구니 두 개를 갑판으로 끌고 왔다. 그리고 얇은 잠수복이 대령 되었다. 지금은 Box Jellyfish, 일명 상자해파리로 불리는, 사람에게 치명적인 해파리가 판을 치는 시기라 물속에 들어갈 때 각별히 주의해야 했다. 사람들이 좀 더 멀쩡해 보이는 고글과 호스를 찾아 바구니를 뒤지는 동안 그가 가방에서 도구를 꺼내기 시작했다.

우리가 호주로 가져온 짐에는 스노클링 장비도 껴 있었다. 아무리 세척을 잘한다 해도 남들이 입에 물었던 것이라고 생각하면 찜찜했고 무료로 대여해 주는 것들은 대개 낡고 헐거워서 물이 새어들기 일쑤였다. 무엇보다 해변의 천국 호주가 아니던가. 언제 어디서든 해변만 나오면 스노클링을 하자는 생각이었다.

사실 이것들은 보관하거나 들고 다니기 꽤 번거로웠다. 일단 부피가 컸다. 고글, 호스 세트에 퍼스에서 산 오리발, 커다란 비치 타월. 누가 보면 며칠 간 야영이라도 하는 줄로 오해할 만한 짐이었다. 숙소에 도착한 즉시 민물로 깨끗이 세척하고 말리는 것도 웬만한 정성 없이는 못 할 일이었다. 그러고 보니 나는 지금껏 한 번도 저것들을 챙기거나 씻어본 적이 없었다. 처음부터 지금까지 그가 해왔기 때문이다.

따지고 보면 내가 매번 투어 상품을 고르게 된 것도 내가 자초한 거였다. 그가 무슨 계획이라도 짜오면 "그래 좋아." 하는 일이 없이 이건 이

값을 매길 수 없는 것

263

래서 안 되고, 저건 저래서 부족하고 늘 딴죽을 걸었다. 아무거나 잘 먹고 좋아하는 그와는 달리 나는 음식도, 영화도, 여행지도, 골라야 하는 것은 무엇이든 까다로웠다. 그러다 보니 그는 천상 "나는 다 좋으니까 여보 좋을 대로 해."할 수밖에 없었다.

배 한쪽 면에 매달린 계단에 앉아 오리발을 신는 사이 남편이 앞서 가버렸다. 아무튼 물만 보면 저렇게 신이 날까. 케언스에서 다이빙한 지 얼마 안 돼서 그런가, 나 혼자 입수하는 게 그다지 무섭지 않았다.

부지런히 쫓아가 나를 두고 간 응징으로 뒤통수를 갈겨 줘야지. 호기롭게 바다로 뛰어든 나는, 그러나 몇 미터도 못 가 물 밖으로 머리를 꺼내고 말았다. 앞이 안 보일 만큼 물이 깊다는 것을 인지하자마자 처음 스노클링 하던 날의 충격이 떠올랐던 것이다.

그곳은 필리핀 세부 남단의 섬 발리카삭이었다.

당시 나는 스노클링이 뭔지도 몰랐는데 세계적으로 유명한 다이빙 포인트라는 말에 남들 하는 대로 무작정 머리를 물속에 들이밀었다. 그리고 끝을 알 수 없는 깊이의 시퍼런 낭떠러지와 주변을 가득 메우고 있던 휘황찬란한 물고기 떼를 보았고, 그것들이 사진처럼 뇌에 박히는 순간, 마스크와 호스에 물이 차올랐다. 깜짝 놀란 나는 물 밖으로 튀어나와 숨을 헐떡이며 물을 빼낸 뒤 다시 호스를 앙다물었다. 그런데 웬일인지 숨을 두어 번 쉬었다 하면 곧바로 마스크와 호스에 물이 차올랐고, 정신을 못 차리고 헉헉대는 나를 파도가 찰싹 때리고 지나갔다.

난생처음 본 바닷속 풍경은 아찔할 정도로 인상적이었다. 하지만 자꾸 물이 코로 들어오자 이러다 죽을 수도 있겠구나 싶었다(구명조끼를 입고 있었기 때문에 가라앉을 확률은 0.0000%였고 원하면 언제든 머리를 물 밖으로 꺼낼 수 있었지만 아무튼, 그땐 그런 심정이었다). 그러다 난 두 번 숨을 쉰 뒤 고글과 호스에 고인 물을 빼내는 일에 진이 빠져버렸고, 금방 육지로 돌아왔다.

싸구려 장비 탓으로 묻혀 있던 진실이 드러난 건 그로부터 몇 달 뒤, 팔라완 섬에서 스킨스쿠버 다이빙 훈련을 받던 첫날이었다. 발리카삭에서 나는, 그러니까 입이 아니라 코로 숨을 쉬었던 것이다!

이랬던 내가 구명조끼 없이 스노클링을 한다는 건 정말 인간승리나 다름없었다. 안타까운 건 발리카삭을 뛰어넘을 만한 바닷속 풍경은 아직 못 만났다는 것. 그래도 그레이트 배리어 리프만 보자면 케언스보다는 후크 아일랜드가 훨씬 좋았다.

아무도 상자해파리에 물리는 일 없이 서른아홉 명 모두 무사히 귀환했다. 샌드위치와 과일로 요기하는 사이 배는 점점 더 목적지에 가까워지고 있었다.

작은 보트에 네다섯 명씩 나누어 탄 뒤 드디어 횟선데이 섬에 발을 내디뎠다. 도대체 어떤 풍경을 마주하게 될지 설레는 것과는 별개로, 화이트 헤이븐 비치가 내려다보이는 전망대로 올라가는 길은 무척 고통스러웠다. 다 태워버릴 듯 내리쬐는 햇볕 때문이었다. 점심때가 지나자 열기는 한층 더해졌고, 숙소에서 얼려온 1.5리터 물도 진작 바닥났다. 가이드가 하도 신신당부를 해서 걸치고 있던 해파리 잠수복도 벗어 던졌지만, 비키니 수영복 끈 사이사이 땀이 흥건했다. 걷다가 헉헉대며 멈추기를 몇 번이나 반복했을까. 앞서 간 이들의 환호성이 들리는 걸 보니 거의 다 온 모양이었다.

20미터 전방, 10미터 전방, 5미터 전방, 가슴이 뛰었다.

그리고 전망대에서 아래를 내려다보는 순간! 하도 더워서 현기증이 난 것일까. 나는 잠시 정신을 잃었다.

끝을 알 수 없는, 광활하게 펼쳐진 바다는 하늘과 맞닿아 있었고, 새 하얀 모래사장과 리스테린 쿨 민트 같은 연녹색의 영롱한 물이 서로 부 드럽게 휘감고 있었다. 매우 아름다워서 작위적이라는 생각이 들 만큼, 그 정도로 말이 안 나오는 풍경이었다. 압도를 압도하는 풍경.

"아니 뭐 이런 데가 다 있어?"

남편은 경외심인지 불평인지 구분하기 어려운 억양으로 계속 이 말 만 반복했다. 난 산소가 부족한 붕어처럼 입을 뻐끔거리며 카메라 셔터 만 눌러댔다. 사실 그것 말고는 할 수 있는 게 없었다. 가이드에게 물었 다.

"맨날 이 풍경을 보는 네 눈에도 이렇게 아름답니?"
"그럼! 내가 이 일을 하는 게, 여기 출신이란 게 무척 자랑스러워!"

그는 정말 그런 표정이었다.

전망대를 내려와 신발을 벗고 모래 위에 섰다.

뽀옥뽀옥뽀옥뽀옥. 발을 옮길 때마다 함박눈 밟는 소리가 났다. 내가 재밌어하자 스노클링 장비에 커다란 비치 타월, 묵직한 카메라가 든 가 방을 멘 그가 내 주변을 빙글빙글 돌며 뽀옥뽀옥뽀옥 소리를 냈다. 마음 같아선 전력질주를 해서 물에 풍덩 뛰어들고 싶었지만, 발바닥 껍질이 홀랑 벗겨질 듯 모래가 뜨거워서 우린 한발 한발 옮기며 천천히 걸었다.

시원한 바닷물이 살랑거리며 발목을 간질였다. 수돗물처럼 맑은 물에 하얀 모래와 닭발같이 거무튀튀한 내 발이 투명하게 비쳤다. 해변은 여행자들로 붐볐는데, 그런데도 사방이 조용했다. 마치 깊은 바닷속에 들어와 있는 것처럼 바람과 파도소리 이외에는 아무것도 들리지 않았다. 한참을 걸어가도 물은 허벅지 근처에서 찰랑거렸다.

나는 이 해변은 모든 것이 슬로비디오처럼 천천히 움직이게 되는 곳이라고 생각했다.

우린 번갈아 가며 해변에 벌러덩 누운 사진을 찍었다. 한국의 가족이나 친구들에게 절대 보여줄 일이 없는, 그와도 같이 보고 싶지 않은 사진들이었다. 카메라에 찍힌 우리의 적나라한 몸뚱이와 어색한 포즈들이 우스워 한바탕 크게 웃었다. 그제야 귀가 뚫린 듯 다른 이들의 말소리와 환호가 들려오기 시작했다. 모두 손뼉을 치며 크게 웃고 있었다.

모두를 행복하게 하는 곳이구나. 나는 다시 한 번 생각했다.

그가 좀 더 멀리 수영해 간 동안 해변에 누웠다. 목화솜같이 푸근한 구름이 둥실둥실 흘러갔다. 잔잔한 파도가 내 귀, 발가락, 다리 사이로 스며들었다가 모래를 쓸고 갔다. 내 몸의 세포 하나하나가 활짝 열려서 온 세상을 받아들이는 기분이었다. 구름이 흘러가는 소리마저 들리는 것 같았다.

수영을 마친 그가 내 옆으로 와 누웠다. 행복했다. 살아 있다는 것이 눈물 나게 감사했다. 비록 싸구려 배를 타고 왔어도 횟선데이는 값을 매길 수 없을 만큼 아름다운 곳이었다. 그리고 지금 내가 느끼는 행복도, 내 옆에 있는 이 남자도 결코 돈으로 살 수 없었다.

나는 직감했다. 지금이야말로 내 인생의 하이라이트라고. 삶이 불행하다고 느껴질 때 수시로 꺼내보며 그리워할 장면이라고. 비용에 따라 그레이트 배리어 리프를 누릴 수 있는 게 다르다는 티스의 말은 그러므로, 틀렸다.

아무리 반복해도 익숙해지지 않은 일들

콥스 하버(Coffs Harbour)

워홀러의 단상 2

어지러울 만큼 끝없이 이어진 퀸즐랜드의 아름다운 해변을 차례차례 지나 뉴 사우스 웨일즈에 들어섰다. 익숙한 주의 간판이 보이자 고향에라도 온 것처럼 마음이 들떴다. 여행은 아직 한 달이나 더 남아 있었지만, 태즈매니아를 제외하면 여기서부터는 귀로의 여정이라고 할 만했기 때문이다.

12월 31일. 두 번째로 온 콥스 하버의 해변은 홍수가 닥쳐 쑥대밭이었던 작년 4월의 그곳이 아니었다. 한여름의 태양은 너무 강렬해서 눈을

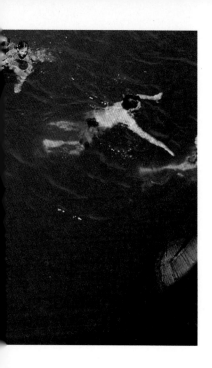

뜨기조차 힘들었고, 축구장만 한 해변 주차장은 온갖 종류의 차들과 온몸이 벌겋게 익은 수영복 차림의 사람들로 분주했다.

빠방 빵·빵·빵!

연말이라고 대낮부터 폭죽을 터트리나? 그런데 이 경쾌한 소리의 근원지는 제티(Jetty, 해변에서 바다 쪽으로 뻗어 있는 부두)였다. 여기서 빵, 저기서 빵, 쉴 새 없이 울려대는 빠방 빵·빵·빵! 한꺼번에 많은 사람이 물로 뛰어드는 중이었다. 나는 아예 한쪽 난간에 기대서 그들을 구경했다. 떨어지는 사람, 지켜보는 사람 모두가 즐거웠다. 가장 멋진 포즈는 역시 체조선수처럼 몇 바퀴 공중회전하거나 뒤로 떨어지는 백 점프.

그런데 아까부터 내 마음을 쓰이게 하는 아이가 있었다. 유치원생

쯤 돼 보이는 그는 다른 이들과 달리 무척 떨고 있었다. 툴리 강에서 벌벌 떨던 나 같았다. 가슴이 터져버릴 것 같은 두려움, 차마 발이 안 떨어지는 괴로움, 모든 사람이 나만 보고 있는 것 같은 창피함. 아빠와 할아버지가 양쪽에 서서 한참을 이야기했다. 다칠 위험은 전혀 없다, 네가 떨어지는 순간 아빠가 잡아 올릴 테니까. 나도 처음엔 두려웠다. 하지만 한 번 하고 나면 계속 하고 싶어질 거다.

계절에 상관없이 해변에 뛰어드는 장면을 하도 많이 봐서인가. 언제부턴가 나는 호주 사람들은 으레 수영을 잘하고 좋아한다고 생각했다. 누구에게나 처음의 두려움이 있다는 것은 까맣게 잊고, 마치 그들에게는 물을 무서워하지 않는 유전자라도 있는 것처럼 여겼다.

제일 먼저 뛰어든 아빠가 엄지손가락을 쳐들며 아들에게 안심하고 내려오라는 신호를 보냈다. 꼬마가 멈칫하는 사이 몇 명 더 뛰어내렸다. 한참을 안절부절못하던 아이는 드디어 잡고 있던 할아버지 손을 놓고 하늘로 붕 날아올랐다. 그가 무사히 수면에 떠올랐고 곧이어 할아버지마저 풍덩. 구경꾼들은 환호를 보냈다.

아빠와 할아버지와 물에 뛰어든 그 해의 마지막 날을 이 아이는 두고두고 기억하며 살아가겠지. 무엇이든 할 수 있다는 용기도 얻었을 테고. 난 내 일처럼 기뻤다.

콥스 하버. 1년 8개월 전, 시드니에서 기차로 여덟 시간이 걸리는 여기까지 오게 된 건 센트럴 역 근처의 여행자 숙소에서 발견한 A4 한 장 덕분이었다.

'콥스 하버. 코리안 바비큐에서 사람을 구함. 시간당 15달러 캐시 잡.

주당 최소 35시간 보장해줌. 스시 샵도 오픈할 예정. 커플 환영.'

적당히 일하고 적당히 놀며 시간을 보내기 딱 좋은 시드니를 떠나야 겠다고 마음먹었던 나는 광고를 보자마자 바로 전화했다. 호기롭게 버튼을 누르긴 했어도 전화 통화는 영어회화 중에서도 가장 고난이도였다. 그런데 콥스 하버는 도대체 어디 있는 동네야?

"헬~로우!"

굵직한 목소리의 호주 남자가 전화를 받았다. 한국 사람이라고 하자 곧 경상도 사투리를 쓰는 한국인 여자를 바꿔주었다. 코리안 바비큐니까 운영자 중 누군가는 한국 사람이겠거니 했는데 역시 예상이 맞았다. 모텔과 모텔에 딸린 음식점을 운영하는 이들은 새로 문을 열 스시 가게에서 일 할 사람을 모집하고 있었다. 그녀의 말대로라면 낮에는 스시 가게에서, 밤에는 한국 음식점에서 일할 수 있었다. 쉐어 수준의 비용으로 빌라도 한 채 빌려주겠다고 했다.

"콥스 하버가 어디 있는지는 아시지요?"

"아 그게, 저희는 시드니인데."

어디 있는지도 모르고 지원했다는 것을 그녀가 알면 안 된다! 그러나 시드니 시티에 붙어 있는 광고니까 기껏해야 전철로 한두 시간 걸리는 시드니 외곽 어디겠지 했던 건, 호주의 광활한 사이즈에 대해 감이 전혀 없던 초보 워홀러의 크나큰 착각이었다.

"그라믄 마, 기차 타고 오시믄 되겠네요."

기차라고라? 이거 생각보다 일이 커지겠는걸. 전화를 끊고 가이드북을 뒤져보니 그곳은 같은 뉴 사우스 웨일즈이긴 해도 시드니보다 브리즈번에 가까울 만큼 멀었다. 다음 날 오전, 다시 호주 남자와 전화 인터

뷰를 한 뒤 나는 홀 서빙에, 남편은 주방보조로 채용됐다. 어떻게 직접 보지도 않고 자기소개서를 보내라는 말도 없이 일할 사람을 뽑지? 생각보다 너무 쉽고 빨리 일이 진척돼서 어리둥절했다.

경상도 사투리의 그녀는 한국 음식점은 물론 한국인이 전혀 없는 곳인데 적응할 수 있겠냐고 물었다. 고백성사라도 하듯 모텔에서는 와이파이도 안 된다고 했다. 그러나 나는 무조건 "오케이!"를 외쳤다. 그게 바로 우리가 원하던 거였다. 하루빨리 온통 한국 사람 천지인 시드니를, 한국 매니저 밑에서 일하는 이 상황을 벗어나고 싶었다. 지금이 아니면 이 아름답고 편리한 도시에 영영 갇혀 있어야 할지도 모른다고 생각했다.

그로부터 2주 뒤인 3월 말, 우린 그녀 말대로 여덟 시간 기차를 타고 콥스 하버에 도착했다. 같은 한국인으로서 폐를 끼치고 싶지 않았고 열심히 하는 만큼 더 많은 돈을 벌 수 있을 거라 생각한 나는, 도착한 날부터 분주히 할 일을 찾아다녔다. 일은 간단해 보였다. 손님이 오면 주문을 받고, 주방에서 경상도 언니가 음식을 만들어 주면 홀로 가져다주면 됐다. 계산대와 술 같은 음료는 호주 아저씨가 맡았다.

그런데 하도 홀이 넓다 보니 테이블 번호부터 헷갈렸다. 생일 파티를 한다고 수십 명이 몰아닥치면서는 누가 뭘 시켰는지 뒤죽박죽에다 닭갈비는 눌어붙고 난장판이었지만, 너그러운 손님들 덕분에 무사히 신고식을 마쳤다. 가게 문을 닫고 빌라로 돌아오면서 경상도 언니로부터 칭찬도 들었다. 이러다 진짜 3개월에 만 달러를 찍는 대열에 합류하는 게 아닌가 싶어 가슴이 두근거렸다. 그런데 이 모든 것이 물거품 되어, 정말로 물거품이 되어 사라져버렸다. 다음 날 저녁, 어이없게도 홍수가 났던 것이다.

다윈에서의 우기를 경험한 다음이었다면 그 날의 비가 심각하다는 것을 알았을 텐데. 처음엔 '비가 참 시원하게도 내리는구나.' 싶었다. 레스토랑으로 가려는데 모텔 담장 너머 카라반 파크에 있는 사람들이 빨래를 걷고 물건을 안으로 들여놓으며 분주하게 움직이는 게 보였다. 비가 조금 더 거세지자 경상도 언니의 말소리가 잘 들리지 않았다.

일이 심상치 않다고 느낀 것은 디너 오픈 시간이 거의 다 된 무렵이었다. 주방바닥을 적시는 정도이던 물이 순식간에 무릎까지 차올랐다. 주인아저씨는 예약 손님들에게 일일이 전화를 걸어 사정을 설명했고, 고속도로로 이동하는 것이 위험하다고 판단한 여행자 몇몇이 모텔로 들어섰다. 주인 내외의 애마, 벤츠도 바퀴까지 잠겼다. 그리고 그날 장사는, 아니 코리안 바비큐 레스토랑은 그날부로 문을 닫아야 했다.

식당에서 빌라까지 불과 100여 미터 남짓이건만 무척 멀게만 느껴졌다. 허벅지 아래까지 차오른 물을 헤치고 걷는 게 이토록 버거울 줄은 몰랐다. 이러다 발을 잘못 디뎌 물에 휩쓸려 가면 어쩌지? 남편한테 마지막으로 사랑한다는 말은 해야 는데. '마지막'이라고 생각하면 늘 눈물이 핑 돌았다. 그런데 이 남자는 지금 집에서 뭐 하고 있는 거야? 상황이 이렇게 다급하게 돌아가는데 내 걱정도 안 되는 거야?

무사히 빌라로 돌아와 감격의 상봉을 하려던 나는 기가 막혔다. 커다란 헤드폰을 쓰고 오락에 빠진 웬 놈팡이가 '아니, (일은 안 하고) 왜 이 시간에 집에 왔지?' 하는 표정으로 나를 바라보고 있던 것이다. 으이그 저 인간을 어찌할꼬. 닫혀 있던 커튼을 열어젖히자 그의 눈이 휘둥그레졌다. 뉴스에선 10년 만의 홍수라고 난리 법석이었다. 홍수든, 지진이든, 추위든, 더위든, 무슨 난리만 났다 하면 역대 최고다.

나는 빌라 지붕 위로 올라가 헬리콥터 구조대를 기다리는 모습을 상상하며 황급히 짐을 꾸렸다. 그리고 집에서 가장 높은 벽장에 차곡차곡 쌓아 올렸다. 만일 여기서 잘못되더라도 누군가는 우리의 최후를 알아야만 한다! 비장하고 약간은 서글픈 마음으로, 애들레이드에 있는 삼촌에게 전화를 걸어 이 상황을 알렸다.

다행히 그날 밤, 비는 그쳤다. 도로가 휩쓸리고, 나무가 부러지고, 집들이 물에 잠겼지만, 그만하길 천만다행이었다. 모텔과 레스토랑은 자연스럽게 휴업에 들어갔다.

신기한 건 재난을 당한 주인 내외였다. 난 그들이 망해버린 건 아닌가 걱정인데 정작 그들은 그렇게 여유로울 수가 없었다. 그들은 모텔도, 레스토랑도, 심지어 벤츠도 보험회사가 다 알아서 처리해줄 거라며 두 손 놓고 있었다. 아니, 이번 기회에 모텔방의 낡은 카펫과 가구들을 몽땅 교체할 수 있어서 차라리 잘 된 일이라고 여기는 것 같았다.

재난 복구 시스템은 호주가 얼마나 느려터졌는지 분명하게 깨닫는 계기가 되었다. 나 같이 성질 급한 사람들을 위해 일사천리로 해결해주는 회사를 하나 차리면 대박 나겠다 싶을 정도였다. 일단 보험회사 직원들이 피해 상황을 (무려 일주일 동안) 확인하고 나자, 보험회사가 지정한 업체가 현장을 소독하기 시작했다. 이들이 완벽하게 제 일을 다 하기 전까지는 우리도, 심지어 정규직 근로자나 주인마저도 할 일이 없었다. 주인아저씨는 모텔과 레스토랑 문을 다시 여는데 적어도 석 달은 걸릴 거라고 했다. 뭐라고? 세 달? 그럼 우리는 어떻게 되는 건데?

아무리 생각해도 이번 일로 가장 큰 타격을 입은 건 이틀 전 부푼 꿈을 안고 시드니를 떠나온 우리였다. 우리가 주로 일할 예정이었던 스시

가게 개점일도 계속 미뤄지고 있었다. 모든 게 폭삭 주저앉은 상황에서 "당신들이 최소 35시간 근로시간을 보장해 준다고 하지 않았느냐."고 따질 수도, 그렇다고 복구될 때까지 무작정 기다리기만 할 수도 없었다.

몇 달이면 제법 큰 돈을 만질 수 있으리라 기대했던 나는 시어빠진 파김치처럼 축 늘어져 버렸다. 온종일 노는 것도 쉬운 게 아니었다. 영어 공부라도 할까 싶어 책을 펼쳤지만, 도저히 집중이 안 됐다. 내가 원하는 건 힘들게 일하고 난 뒤의 만족스러운 피로감이지, 가시방석 같은 휴식이 아니었다. 나는 휴대폰의 작은 액정화면을 들여다보며 돈 계산을 했다. 남은 돈이 얼마니까 앞으로 얼마간 더 버틸 수 있고 최소한 언제부터는 무조건 일을 해야 하는지. 그렇게 돈 생각, 돈 이야기를 많이 해본 것은 태어나서 처음이었다. 다급한 마음에 캔버라에 있는 남편 친구에게 자리가 나면 연락을 달라고 해두었지만, 웬일인지 그다음부턴 연락이 안 됐다. 다 잘될 거라고 믿으면서도 소심하고 흉악한 상상이 끊이지 않았다. 나는 콥스 하버를 뜨기로 마음먹었다.

다시 도시로 갈 것인가, 농장 일을 하며 세컨드 비자를 준비할 것인가. 호주 지도와 가이드북, 농장안내서를 펼치고 장소 선정에 들어갔다. 그리고 곧 오렌지 수확 철이 시작되는, 외삼촌 네가 사는 사우스오스트레일리아로 가기로 했다. 결정을 내렸어도 침울하긴 마찬가지였다. 이런 낙오자의 모습으로 삼촌네를 만나고 싶지는 않았는데. 돈은 이렇게 사람을 위축되게 만들었다. 돈도 없고 뚜렷한 대책도 없는 지금의 스코어로만 보면 완벽한 실패자였다.

시간이 지나면 가닥이 잡히겠지. 그래도 내가 할 수 있는 건 자신을 북돋우는 것뿐이었다. 사실 이제 겨우 한 번 넘어졌을 뿐이었다. 그것도 자연재해로. 물론 여기저기 대충 떠돌아다니다 끝내는 돈도 못 벌고 여행도 못 하고 돌아갈 가능성도 언제나 열려 있었다. 그래도 상관없었다. 어차피 시간은 누구에게나 공평하게 주어질 테고, 우린 떠나왔다는 것만으로도 만족하며 살아갈 테니까. 설사 이 홍수 사건이 호주에서의 가장 큰 경험담이 될지라도 말이다.

몇 주 뒤, 다시 칙칙폭폭 8시간 기차를 타고, 시드니로 가서 버스로 갈아탄 뒤, 이틀 만에 애들레이드에 도착했다. 거기서 두 달 동안 포도 농장에서 일한 다음 머레이 브리지로 이사해서 고기공장, 허브농장에서 일한 것이다. 호주 일주를 할 만큼 충분한 돈을 벌었고, 평생 기억에 남을 친구들을 사귀었으며, 그리고 지금 일주를 하며 다시 여기로 왔다. 호주에서 보낸 2년의 기간 중 가장 암담했던 기억의 장소로. 이 정도면 금의환향이라고 할 만했다. 정말 몸서리치게 감격스러웠다.

빵빵거리는 해변을 벗어나 코리안 바비큐 레스토랑이 있던 모텔로 갔다. 홍수가 난 뒤 금방 떠난 우리를 원망하지는 않았을까? 그래도 우리의 지난 이야기를 듣고 잘했다고, 대단하다고 격려해 주었으면. 멀리 모텔 사인이 보였다. 첫날 도착했을 때처럼 가슴이 뛰었다. 치장할 것도 없이 검게 탄 얼굴이지만 룸미러를 보며 정성껏 립글로스를 발랐다.

그런데 이런 낭패가 있나! 우리의 성공을 증명시켜줄 그들이 없었다. 모텔은 보험회사 직원들이 드나들던 그때와 똑같았고, 간판에는 아예 문을 닫는다는 스티커까지 붙어 있었다. 물어물어 찾아간 스시 가게는 작년에 시작했을 때보다 훨씬 좋은 상권으로 자리를 옮긴 뒤였는데, 가게에도 주인 내외 대신 타이완 출신의 예쁘장한 아르바이트생만 있었다. 아르바이트생에게 부탁해서 그들과 전화 통화를 시도했지만 무슨 계약 건으로 나왔다기에 겨우 안부 인사만 나누고 끊었다. 그나저나 계산적인 건 여전하더군. 옛정을 생각해서 스시라도 몇 개 챙겨가라고 하면 어디가 덧나나(물론 나는 그렇다 하더라도 기분 좋게 제값을 지급했을 테지만). 수완 좋은 그는 모텔이나 레스토랑도 분명 좋은 값에 처분했을 테고 보험금도 몽땅 뜯어냈을 것이다.

바비큐 레스토랑에서 근사하게 저녁을 먹고 우리가 지냈던 빌라에서 밤새워 포도주를 마시며 올해의 마지막 밤을 보낼 계획이었는데. 어쨌든 이것으로 엄밀한 의미에서의 호주 본섬 일주가 완성됐다. 오랫동안 어깨를 짓누르고 있던 무거운 가방을 벗어버린 기분이었다. 여행이 끝나간다는 아쉬움 보다 홀가분하고 즐거웠다.

이별에 대처하는 우리의 자세

2009년 2월 말, 시드니 공항청사를 걸어 나오던 순간의 기억이 지금도 선명하다. 주변에 가득하던 커피 향 같기도 하고 바닷냄새 같기도 하던 이국적인 공기와, 충격적일 만큼 눈부시게 파랗던 하늘. 유리처럼 반짝이던 도시 퍼스도, 에스퍼란스와 휫선데이의 아찔한 해변도 이곳을 떠올릴 때만큼 아련하지는 않은 걸 보면, 첫정이란 게 이토록 끔찍한 건가 싶기도 하다.

우리는 공항 비지터 센터 직원이 추천해준 킹스 크로스의 한 호텔에서 일주일간 머물렀다. 어렴풋이 오페라 하우스가 보이는 것 말고는 특별할 게 없는, 일주일 머무는 조건으로 할인 행사를 하던 체인 호텔이었다. 나중에 알고 보니 그 지역은 우범지역으로 분류되는 곳이었는데, 우리로선 한밤중에 맥도널드를 가고, 여장한 오빠들을 길거리에서 마주치는 게 즐겁기만 한 날들이었다.

한국이 겨울이므로 남반구인 시드니는 여름이었다. 호주 하늘이 유난히 맑고 쨍하다고 느끼는 건 오존층이 심하게 파괴되어 자외선이 그대로 들어오기 때문이다. 그 지독한 한여름의 햇볕이 온종일 뜨겁게 내리쬐었다. 하지만 그보다도 해안에서 불어오는 서늘한 바람이 더 낯설었던 나는 긴 바지, 남방을 입고서도 바들바들 떨며, 탱크 탑을 한 젊은 여자들 사이를 지나다녔다.

일주일 내내 우린 걷고 또 걸었다. 일단 하이드 파크 입구에서 커피 한잔을 사 들고 로열 보타닉 가든까지 천천히 내려갔다. 오페라 하우스를 지나 하버 브리지가 보이는 서큘러 키로 가서 근사한 점심을 먹은 뒤 페리를 타거나 다시 걸어서 이름마저도 사랑스러운 달링 하버로 이동했다. 거기서 어슬렁거리다 저녁을 먹든가 아니면 커피나 맥주를 한잔 하고 차이나타운을 거쳐 다시 숙소로 돌아오는 여정이었다.

잘 알다시피 시드니는 항구였다. 무척 아름다운 항구. 일단 날씨가 환상적이었다. 우리나라로 치면 오뉴월, 신록의 생기가 넘치는 분위기랄까. 거리에는 솜씨 좋은 바리스타들이 뽑아내는 맛있는 커피집이 널려 있었고, 아침저녁으로 배를 타고 출퇴근하는 사람들은 친절하고 여유가 넘쳤다. 공원의 동물들마저 여행자들에게 우호적이었다. 그림 같이 아름다운 해변도, 거대한 블루 마운틴도 당일치기로 다녀올 수 있었고, 도심에는 유명한 박물관과 갤러리, 쇼핑센터, 음식점이 차고 넘쳤다.

나는 특히 보타닉 가든에 앉아 오페라 하우스와 하버 브리지를 바라보는 것을 유난히 좋아했다. 호주로 여행 오신 부모님을 이끌고 제일 먼저 온 곳도 여기였다. 도시락을 먹든, 커피를 마시든, 책을 보든, 음악을 듣든, 웃든, 울든 무얼 해도 좋은 장소였다. 바다의 맞은편은 세련된 고층 건물들이 줄지어 서 있었는데, 거기서 몰려나온 직장인들이 점심시간을 보낸 뒤 다시 일터로 돌아가면, 그제야 벤치에서 몸을 일으키곤 했다.

마음이 평화로울수록 내가 두고 온 회색 도시와 사람들이 떠올랐다. 사방이 온통 도로와 건물뿐인 그곳에서는 몸도, 마음도 쉬어갈 곳이 없었다. 밥 먹고 남은 시간마저 상사의 눈치를 봐가며 써야 했고, 퇴근 시간이 훌쩍 넘어도 모니터를 보고 앉아 있어야 일 잘한다는 소리를 들었다. 사는 게 팍팍하니 자기를, 주변을 돌아볼 여유가 없었다. 사람들은 별것 아닌 일에 흥분하고, 욕하고, 삿대질했다. 정작 무엇이 문제인지, 무엇 때문에 화가 나는지는 관심이 없었다. 말려주는 이가 있어야 싸움이 끝날 텐데 대부분은 남의 일에 관심이 없었다. 그럴수록 나만, 우리만 잘 살면 된다고들 생각하게 되는 것 같았다. 나는 그렇게 살아가는 우리가 불쌍하게 느껴졌다.

시드니에서의 가장 큰 수확은 국제판 커밍아웃 축제인 마디그라(Mardi Gras)의 퍼레이드를 우연히 관람한 거였다.

커밍아웃. 동성애자들이 자신의 성 정체성을 공개적으로 드러내는 일. 벽장에서 나온다는 뜻의 'come out of closet'에서 유래한 용어.

내가 이 개념을 처음 접한 건 대학교 1학년, 학보사 편집회의 때였다. 당시 사회 문화면을 담당하던 2학년 선배가 대학 내 성적소수자에 대한 기획안을 발표하자 편집장 오빠는 담배를 꺼내 물었고, 나는 뭔 일인가 싶어 분위기만 살폈다. 그녀 자신이 동성애자라고 밝힌 것도 아니었는데 그게 우리 사회, 대학의 분위기였다.

커밍아웃이라니. 성적소수자는 또 뭐고. 학보사와 역사 기행 동아리 활동을 하면서 소위 민주화 운동의 정신을 이어간다고 자처하는 선배들과 어울려 다녔건만, 맨날 "양키, 고 홈!"만 외쳤지, 이런 얘기는 한 번도 들어본 적이 없었다.

그 기획안대로 기사가 실렸는지는 기억나지 않는다. 하지만 그 일은 내 사유의 전환점이 되었다고 할 만큼 커다란 사건이었다. 거대 담론 속에 갇힌 개인의 자유와 권리의 문제, 그리고 그동안 당연하게 받아들였던 것들의 불편한 내막과 진실. 빨갱인 줄 알았던 이들이 사실은 민주투사였다거나 사회의 온갖 것들, 심지어 민주주의의 상징인 선거결과조차 조작할 수 있다는 것은 무척 충격이었다. 세상에는 내가 모르고, 잘못 알고 있던 것들이 너무 많았다.

퍼레이드의 가장 큰 볼거리는 다양하고 과감하게 신체를 노출한 코스프레였다. 남자들은 엉덩이를, 여자들은 가슴을 풀어헤치고 신 나게 몸을 흔들었다. 훈련된 무용수들처럼 세련된 분위기는 없었지만, 그들이 발산하는 자신감과 표현에 대한 의지가 너무도 강렬해서 뻣뻣한 막대기 같은 내 몸뚱이마저 들썩거릴 정도였다.

싱그럽고 아름다운 젊은이들의 행렬이 끝나고 축 처진 가슴을 드러낸 할머니들과 소방관, 경찰관 무리가 차례로 지나갔다. 그리고 우리 부모님 같은 평범한 중년의 행렬이 이어졌다. 화려한 치장이나 몸짓이 없어서, 앞서 지나간 소방관들처럼 어느 단체에서 응원 차 참가한 줄로만 알았다. 그런데

"I love my Gay Son!"
난 내 게이 아들을 사랑합니다!

바로 동성애 자식을 둔 부모였다.
달싹이던 몸이 멈추고, 가슴이 덜컹 내려앉았다. 그들을 뒤따라오던 요란한 복장을 한 자식과 부모의 눈에서도, 그것을 지켜보는 우리 눈에서도 눈물이 줄줄 흘렀다.

자신이 남들과 다르다는 것, 아무리 바꿔보려고 해도 어쩔 수 없다는 것을 알았을 때의 좌절감, 그 사실을 부모에게 알려야 하는 순간의 고통, 그리고 그들이 세상으로부터 받았을 상처가 내 가슴으로 옮겨왔다. 자식에 대한 부모의 마음이 어찌 동성애자라고 다르겠는가. 아니 부모라면 도리어 이들을 더 감싸주고, 이해해주고, 끝까지 이들의 버팀목이 돼주어야 한다.

그때부터였던 같다. '다름'에 대해 깊이 생각하게 된 것은. 다르다는 이유로 차별당하는 건 동성애자들만이 아니었다.

그 나이 먹도록 결혼도 안 하고 뭐해?

언제까지 하고 싶은 것만 하고 살 수 있을 줄 알아?

사회는 다양한 방식으로 통일성을 강요해왔고 우린 자신도 모르는 사이에 튀지 않으려고 조심조심하며 살아왔다. 행복이나 이상 따위는 철없고 세상 물정 모르는 것으로 싸잡아 짓밟혔다. 이 축제는 그렇게 온 세상의 마이너리티들에게 손을 내밀고 있었다. 기죽지 말고 함께 싸우자고, 행복하자고. 마디그라. 자유로운 시드니에 딱 어울리는 축제였다. 나는 내가 낼 수 있는 최대한의 소리를 끌어모아 그들에게, 그리고 우리에게 환호를 보냈다.

다시 오페라 하우스와 하버 브리지가 보이는 벤치에 앉았다. 익숙한 바람이 불어왔다. 오페라 하우스 앞 계단은 여전히 관광객들로 붐볐고 늘씬한 여자들과 근육질의 남자들이 조깅을 했다. 하늘도, 바람도, 사람들의 표정도. 눈에 보이는 모든 것이 맑고, 깨끗하고, 아름다웠다.

네 번째 시드니, 그리고 이번이 마지막이었다. 그러나 이별의 아쉬움

보다는 인생의 아름다움에 대해 생각하게 하는 풍경이었다.

다시 올 수 있을까? 생각해 보면 나는 여행하는 동안 이 땅과 늘 이별을 해온 셈인데, 지난 4개월 동안 이렇게 아련했던 적은 없었다. 하루라도 더 있고 싶어 뭉그적댔지만, 태즈매니아 행 페리 일정을 맞추려면 이제 정말 떠나야 해야 했다.

그 날 아침, 우리가 머물던 리버풀 시티에 반가운 손님이 찾아왔다. 채스 우드에 같이 세 들어 살았던 것이 인연이 된 동갑내기 친구 연경이었다. 같이 보낸 시간은 고작 3주 남짓이었지만, 낯선 땅에서는 정이 드는 속도도 훨씬 빠르다는 걸 그 덕분에 알았다.

연경은 간호대학을 다니고 있었다. 집에서 마주칠 일이 거의 없을 정도로 그녀는 열심히, 바쁘게 살았다. 외국에서 아르바이트로 학비와 생활비를 벌어가며 공부하는 건 누구라도 힘든 일이었다. 그때만 해도 관광 온 새색시 차림이었던 나는, 바짝 마른 가녀린 몸으로 하루하루를 버텨내는 그녀와 마주칠 때마다 얼마나 멋쩍었던가.

그동안 연경은 대학을 마치고 본격적으로 일할 준비를 하고 있었다. 졸업하고 나니 오히려 더 막막하다고 했다. 그래도 난 하나도 걱정이 되지 않았다. 지금껏 그랬듯 앞으로도 잘해낼 거니까.

우린 콥스 하버에서 홍수를 만나 애들레이드로 후퇴해야 했던 시절부터 호주를 한 바퀴 도는 동안 보고 느꼈던 이 땅의 경이로움에 대해 이야기 해주었다. 그리고 곧 한국으로 돌아가는 설렘과 막연한 두려움에 대해서도. 테이블에 놓인 커피잔이 바닥을 드러낸 지 한참 됐지만 쉽게 일어날 수가 없었다. 함께한 시간이 즐거울수록 헤어짐은 더욱 힘들었다.

마지막으로 본다이 비치에 들렀다. 웬일인지 비까지 한두 방울 떨어지는 우중충한 날씨였다. 규칙적인 간격으로 밀려드는 거대한 파도 속으로 발목에 보드를 매단 청년들이 힘차게 헤엄쳐 갔다. 다행이었다. 생기 없이 축 처진 본다이는 상상할 수가 없었다.

잘 생긴 청년 둘이 조그만 아이스박스를 들고 다녔다. 하필 이런 날씨에 아이스크림 홍보 아르바이트를 나온 이들이었다. 그들도 빨리 일을 끝내고 싶었는지 몸을 잔뜩 웅크리고 있던 나에게까지 아이스크림을 권했다. 주는 그, 받는 나. 모두 웃었다. 그 모습조차 자유로운 시드니, 엉뚱하고 촌스러운 호주답다고 생각했다. 그리고 언제까지고 이 모습 그대로 있어주었으면 했다. 상어나 격랑 따위, 차가운 날씨에도 굴하지 않고 열심히 보드를 타주기를. 그래서 내가 다시 돌아왔을 때 낯설지 않도록.

담담하게 고속도로로 들어서면서 아까 연경이 주고 간 쇼핑백을 풀어보았다. 생선 통조림에 커피, 컵라면, 과자가 한가득 담겨 있었다. 언제 다시 만날지 모를 친구를 위해 기쁜 마음으로 얇은 지갑을 열었을 그녀.

이 모든 것과 이별이라니. 그녀가 쓴 엽서를 읽으며 나는 끝내 울어버리고 말았다. 🦜

호주와 나 때때로 남편

혼자여도 외롭고, 둘이어도 외로운 우리가

서로의 눈을 마주 보며 진실한 감정들을 토해내던 그날 밤.

난 어쩌면 울루루나 휫선데이 보다

지금 이 순간을 더 그리워하게 될지도 모른다고 생각했다.

두 남자와 함께 아무렇게나 퍼질러 앉아 김치찌개를 먹고,

초콜릿에 포도주를 마시고,

목이 터져라 노래를 부르고,

얼떨결에 야생 웜뱃과 고슴도치를 만났던,

사소하고 소박해서

일일이 언급하는 것조차 낭비처럼 느껴지는 평범한 것들을.

- 하르츠 산맥 국립공원, <결론은 해피엔딩>

Tasmania

새로운 땅, 새로운 동행자

"연봉을 얼마를 주더라도 태즈매니아는 안 갈 거에요."

　시드니 채스 우드에 살던 시절, 저녁 식사에 초대된 주인아저씨의 후배가 VB(Victorian Bitter, 호주산 맥주. 쓴맛으로 유명하다)를 들이키며 말했다. 통통한 몸매에 서글서글한 눈매를 가진, 중간중간 영어식 악센트와 억양을 섞어 쓰는 30대 중반의 남자였다. 중학교 때 호주로 유학을 왔다는 그는 유명한 대학을 졸업한 뒤, 호주에서 가장 규모가 큰 은행에서 일하고 있었다.

　그런데 이 오빠, 안타깝게도 공부만 하느라 여행은 못 했나 보다. 아니면 대도시를 벗어나서는 살 수 없는 부류이던가. 자꾸자꾸 부르고 싶은 이름 태지(서태지가 아니고 태즈매니아의 애칭. 그러나 내가 태즈매니아를 태지라고 부르는 걸 좋아하는 이유는 '그' 때문이다)는 호주 어느 곳보다 맑고, 깨끗하고, 아름답고, 거기다 캠핑 여행하기 가장 좋은 곳이었다. 간단히, 호주 일주의 하이라이트라고나 할까.

　"제가 태즈매니아로 가겠습니다!"

　나라면 회사에 대고 이렇게 말했을 텐데. 인심이라도 쓰는 양 잔뜩 거드름을 피우면서 말이다.

　푸르스름한 새벽, 간간이 긴 하품을 내뿜으며 멜번 항구에 도착했다. 항구 주변을 감싸고 있던 가로수들 사이로 우리를 태지 섬으로 데려다

줄, 이름도 멋진 '태즈매니아의 영혼', 스피릿 오브 태즈매니아(Spirit of Tasmania)가 눈에 들어왔다. 꽤 서둘렀다고 생각했는데 주차장은 제 순서를 기다리는 캠핑카, 캠퍼 밴, 캠핑 트레일러, 트럭, 사륜차, 승용차 등 온갖 종류와 연식의 차들로 빼곡하게 차 있었다. 열을 맞추어 천천히 배 안으로 들어가는 행렬이, 마치 거대한 상어의 뱃속으로 차례차례 들어가는 작은 물고기들 같았다.

아무리 배를 타고 이동한다고 해도 검역은 빠질 수 없는 절차였다. 얼른 가서 좋은 자리를 맡아야겠는데 눈을 앙칼지게 뜬 검역관들은 한 대 한 대 천천히 살펴보고 있었다. 이 수많은 차들이 배가 떠나기 전에 올라탈 수나 있을지 걱정일 정도였다. 마침내 우람한 체격의 보안 직원이 트렁크에서 가스통을 집어 들고 어디론가로 사라진 뒤에야 우린 상어 뱃속으로 들어가는 물고기 행렬에 합류할 수 있었다. 여기저기를 빙빙 돌다 좁은 다리를 건너자 배의 광활한 주차장이 나타났다. 미리 준비해둔 먹을거리를 챙겨 들고 객실로 올라갔다. 오전 8시 20분. 출발 시각인 9시까지는 40분이 남아 있었다. 지금부턴 치열한 자리싸움이었다.

멜번과 태즈매니아의 데븐 포트를 잇는 이 거대한 배는 세 등급으로 나뉜다. 침대가 딸린 방이 제일 비싸고, 그다음은 지정 좌석, 우린 당연히 제일 저렴한, 입석 승차권이나 다름없는 데이 트립 표를 끊었다. 미리 검색해본 바로는 데이 트립 티켓을 가진 승객이 머물 수 있는 곳은 7층과 10층 두 군데였다. 인기가 많은 자리는 폭신한 소파가 있는 7층의 카페 근처. 하지만 우리가 도착했을 땐 이미 중국인 단체 관광객들이 다 차지한 뒤였다. 우린 5시부터 준비했는데 저들은 도대체 몇 시에 일어난 거야? 그러나 한가하게 그런 걸 따질 때가 아니었다. 우린 곧장 10층으로 올라갔다.

다행히 여기까지 올라온 이들은 얼마 없었다. 양쪽으로 탁 트인 넓은 공간에는 빈 테이블과 의자가 일렬로 늘어서 있었다. 우린 스낵바와 가깝고 테이블 옆 기둥에 전기 콘센트가 있는 창가 자리에 짐을 풀었다. 바닥이 고정된 딱딱한 플라스틱 의자가 자못 불편해 보였지만 창문 너머로 펼쳐진 바다를 보는 순간, 여기구나 싶었다. 망망대해를 즐기기에 최고의 장소였다.

어찌나 부드럽고 조용하게 출발했던지 이 배의 시속이 어떻고 경로가 어떻고 하는 안내방송이 나온 뒤에야 멜번 항구를 떠나고 있다는 걸 알았다. 나는 배 옆구리를 찰랑거리다 하얗게 부서지는 파도를 보며 우리가 찾아가는 섬에 대해 상상했다.

호주 본섬에서 즐기고 감동할 수 있는 것들을 몽땅 가진 또 하나의 작은 호주. 아니, 그보다 더 맑고, 깨끗하고, 멋진 풍광을 볼 수 있을 거라고들 했다. 세계 곳곳을 떠돌아다니던 한 여행 작가가 마침내 정착한 곳도 태즈매니아였다지. 그러나 본섬에서도 한참 더 내려가야 하는, 남극에 가까운 이곳을 찾는 이들은 드물었다. 사실은 그래서 더 좋았다. 마치 극소수에게만 허락된 특별 입장권이라도 얻은 기분이었다.

'일 년 중 여행하기 가장 좋은 계절.'

가이드북은 여름인 지금이야말로 태지를 여행하기 가장 좋은 때라고 했다. 그런데 그 뒤에 바로 이어지는 말이 수상했다. '그러나 한 가지 주의할 게 있으니 바로 연중 어느 때나 찾아와 순식간에 겨울 같은 날씨를 만들어 버리는 폭풍이다.' 맨발에 슬리퍼 차림으로 국립공원 입장권

을 사러 간 나에게 비지터 센터 직원은 "두툼한 옷도 한 벌쯤 준비해 두
세요. 태지 섬에서는 하루에 4계절도 아니고 무려 '8계절'을 볼 수 있으
니까." 하는 농담인지 아닌지 모를 말을 건네기도 했다. 물론 나는 그것
을 상점 한편에 쌓여 있던 알파카로 만든 점퍼나 조끼를 팔아보려는 수
작쯤으로 여겼다. 그런데 섬에 도착했다는 안내방송이 나오자 사람들이
하나둘, 가방에서 두툼한 스웨터를 꺼내 입기 시작했다. 뭔가 꼬이는 느
낌이었다.

그리고 장장 9시간의 항해 끝에 도착한 곳에 대한 첫 느낌은?

하, 너무 춥다! 하도 쌀쌀해서 다른 감정이 느껴질 새가 없었다. 우
리는 데본포트(Devonport)를 돌아보려던 계획을 접고 무작정 셰필드
(Sheffield) 근처의 무료 야영장으로 내달렸다.

이 섬의 칼바람이 어느 정도인지를 깨닫는 데는 하룻밤으로 충분했
다. 하도 바람이 불어서 텐트가 날아갈 듯 요동을 치는 통에 남편을 가
운데 두고 양 쪽에 누운 나와 후배 종욱은 몸을 최대한 모서리 쪽으로
밀어붙여야 했다. 방풍천도 없는 싸구려 텐트 속으로 싸늘한 바깥 공기
가 그대로 스며들었다. 나는 자다 말고 일어나 모자가 달린 두툼한 티셔
츠와 양말을 두 개씩 껴입고 무릎담요로 허리 아랫부분을 감싼 뒤 침낭
지퍼를 머리끝까지 끌어올렸다. 지금이 여름이라니, 이곳을 여행하기 가
장 좋은 계절이라니!

바람이 잠잠해진 새벽에야 겨우 눈을 붙였다. 그런데 얼마나 지났을
까. 바깥에서 부스럭거리는 소리가 나는 바람에 잠을 깨고 말았다. 아침
부터 대체 웬 소란들인가 싶어 텐트의 지퍼 한쪽을 신경질적으로 내렸
다. 두 남자가 나를 애처롭게 바라보고 있었다. 차마 '밥 달라.'고 깨우지

는 못하고, 대신 내가 일어나자마자 바로 조리를 할 수 있도록 모든 준비를 해 놓느라 그 난리였다.

여행 중 가장 큰 권력은 음식담당인 나에게 있었다. 내 기분에 따라 소고기를 먹을지, 식빵 쪼가리에 잼을 발라 먹을지가 결정되었다. 그들이 그것을 잘 알고 있다는 게 내심 만족스러웠다. 나는 천천히 침낭을 걷어 내리고, 기지개를 켜고, 목을 두어 바퀴 크게 돌리면서 밖으로 나왔다. 좋다, 기분이다. 카레라이스, 하이라이스, 미트볼 3분 요리 팩을 꺼냈다. 남편과 둘일 땐 하나만 데워서 반반씩 나눠 먹고 김치도 아껴 먹었는데 셋이 된 이후로는 식비에 어마어마한 돈이 들어가고 있었다.

"숟가락 하나 더 없는 셈 치면 되지 뭐."

대학 동아리 후배 종욱이가 우리 여행에 합류한 건 브리즈번에서였다. 기왕 선배가 리드하는 여행, 무조건 쿨 하게 베풀고 싶었다. 식비, 차량 유지비는 됐고, 기름값만 반씩 나눠 내기로 했다. 그런데 여행이 길어질수록 불편한 것들이 생겨나기 시작했다. 오랜 시간 남편과 치고받고 싸우며 조율해온 것들이 모두 제자리로 돌아간 것 같았다.

사건은 늘 별것도 아닌 일에서 시작됐다. 귀가 무척 민감한 편인 나는 대상이 누구든 간에 도저히 참지 못하는 것이 있었는데, 바로 쩝쩝거리는 소리였다. 그리고 그는 그것이 꽤 심한 편이었다. 밥을 먹을 때도 후루룩 쩝쩝, 커피나 포도주, 심지어 초콜릿을 먹을 때도 후루룩 쩝쩝, 라면을 먹을 때는 후루룩 쩝쩝쩝쩝쩝!

"소리 좀 내지 마라, 인마."

보다 못한 남편이 내 기분을 맞춰주려고 한마디 했다. 그러나 수십 년간 길든 습관이 쉽게 고쳐질 리가 있나. 나는 그 후로도 한참 쩝쩝거리는 소리를 들어야 했고, 후배의 습관 하나 이해 못 해주는 선배라는 죄책감에도 시달려야 했다.

내가 그에게 하사한 임무는 하나였다. 식사 후 그릇 닦기. 먼저 시범을 보여주었다.

일단 화장지나 키친타월로 최대한 기름기를 없애고, 화장실 세면대나 개울물에서 대충 헹구는 거야. 그리고 다시 화장지나 마른행주로 닦아서 물기를 없애면 끝, 오케이?

그런데 다음번 식사 때 밥을 푸려고 하면 꼭 고춧가루 같은 게 그릇 한 귀퉁이에 쩍 달라붙어 있어서 비위가 상해버렸다. 거기다 후루룩 쩝쩝쩝 소리까지 겹치면? 난 정말이지 패닉에 빠질 수밖에 없었다.

그러나 이 모든 것은 사족이라고 치자. 아마 이 세상 사람들의 절반은 소리를 내며 음식을 먹을 테고, 설거지를 잘 못하는 건 일도 아니니까. 내가 가장 신경이 쓰였던 건, 과연 그가 이 여행을 잘 즐기고 있나 하는 거였다.

처음에 그는 무척 적극적이었다. 우리가 여행을 시작하기 몇 달 전부터 워킹홀리데이에 대해 이것저것 물어오다, 졸업 전 마지막 한 학기를 남겨두고 호주로 날아왔다. 그만큼 그가 절실하다고 생각했다.

브리즈번에 도착하자마자 제일 먼저 그를 찾아갔다. 몇 년 만에, 그것도 호주에서 만난 후배가 우린 무척 반가웠다. 특히 호주 워홀을 적극적으로 추천한 선배로서 무엇이든 도와주고 싶었다.

그런데 예상과는 달리 그는 상당히 위축돼 있었다. 낯선 도시에 도착하자마자 그가 찾아간 곳은 한인 교회였다. 거기서 청소업에 종사하는 목사님을 만났다. 목사님 집에는 마침 빈 독방이 있었고, 그는 주당 100달러 이상의 방값을 지급하면서 청소 아르바이트를 했다. 그날도 그는 거실에서 텔레비전을 보고 있던, 목사님 아내로 여겨지는 중년의 여자 눈치를 보며 제 방에서도 몸집이 작은 새처럼 종종걸음으로 걸었다.

그는 비전 없는 청소 아르바이트와 목사님 댁의 불편한 독방 생활을 청산하고 우리와 여행하기로 했다. 혹시나 돈 걱정에 여행을 못 즐길까 봐, 애들레이드에 도착하는 대로 우리가 일했던 허브농장에서 일할 수 있도록 농장주와 애기를 끝내두었다.

브리즈번을 떠나던 날, 목사님 집 앞에서 그가 우리를 기다리고 있었다. 모두 청소하러 갔는지 배웅 나온 이는 없었다. 몇 달 내내 눕혀 놓았던 뒷좌석 한 칸을 일으켜 그의 자리를 만들었다. 그리고 차에 타자마자, 그는 쿨쿨 잠을 자기 시작했다.

캠핑 여행의 가장 큰 장점은 길 위의 풍경을 마음껏 즐길 수 있다는 것이다. 그런데 그는 주옥같은 장면들을 죄다 놓치고 있었다. 게다가 반응도 영 시큰둥했다. 야생화가 흐드러지게 핀 산등성이를 넘을 때도, 동부 해안의 환상적인 해변 앞에 데려다 놔도, 심지어 오페라 하우스 앞에서도 환희나 희열에 찬 표정을 볼 수가 없었다. 목석도 이런 목석이 없었다.

정점을 찍은 건 뉴 사우스 웨일즈의 움바라(Wombarra)라는 작은 마을의 공동묘지였다. 바다가 내려다보이는 그곳은 삶과 죽음을 생각하게 하는 곳이었다. 아름다웠고, 슬펐고, 감사했다. 남편의 손을 잡고 천천히 걷던 나는 이 목석 같은 아이가 바닥에 벌러덩 눕는 걸 보았다. 아무튼 평소에 안 하던 일을 하면 꼭 일이 난다니까!

뭐에 홀렸는지 어쨌는지 한참을 누워 하늘을 향해 셔터를 눌러대던 그는 하필 나처럼 '틱'에 물려 버렸다. 나는 경험자로서 사람 피부에 머리를 박고 피를 빨아 먹는 진드기지만, 머리를 제거하면 괜찮을 거라고 말해주었다. 그리고 남자 둘이서만 텐트에 들어가 진드기 퇴치 작업을 벌인 다음부터 그는 더욱 소심해졌다. 유일하게 목소리 톤이 높아질 때라고는 한국에 있는 친구들과 전화 통화할 때였다.

일자리 알아봐 줘, 불편한 거 참아가며 공짜나 다름없이 여행시켜줘. 이 정도면 할 만큼 한 거야. 아니 세상 그 누구도 나보다 더 잘 챙겨주지는 못할 걸!

그의 시큰둥함에 지친 나는 유치한 자만심에 오기마저 생겼다.

과연 난 그와 함께 이번 여행을 무사히 끝마칠 수 있을까. 아니면 그와 여기서 그만 작별을 해야 할까. 새로운 동행자를 두고, 난 다시 한 번 깊은 고민에 빠졌다.

비나롱 베이(Binalong Bay)

수해 난민 일지, 즐거워서 죄송합니다

비가 본격적으로 내리기 시작한 건 영국 분위기가 물씬 나던 론체스톤 (Launceston)을 지나면서였다. 유서 깊은 아름다운 도시를 얼렁뚱땅 지나가는 것도 화딱지가 날 일인데 이 섬의 손꼽히는 관광지인 베이 오브 파이어(Bay of Fire)에 도착해서까지 비가 주룩주룩 오는 데는 정말 속수무책이었다.

안 그래도 싸늘하던 공기가 더욱 무겁게 가라앉았다. 몇 시인지 짐작할 수 없을 만큼 온종일 어두침침했다. 뷰 포인트에 도착하면 잠깐 내려

대충 사진을 찍은 뒤 후다닥 차로 돌아와 히터를 최대로 틀고 담요를 목까지 끌어당겼다. 뜨뜻한 아랫목에 누워 엄마가 해주는 김치전이나 먹으면 딱 좋을 날씨였다.

제일 안타까운 건 지천으로 널린 조용하고, 아름답고, 사람들마저 없는 완벽한 무료 야영지들을 그냥 지나치는 일이었다. 그날 우리는 비나롱 베이까지 단숨에 내려오고 말았다.

후배와 동행하기로 한 뒤 가장 신경이 쓰인 건 잠자리 문제였다.

"그 녀석만 텐트에서 재우는 건 아무래도 도리가 아닌 것 같다."

그가 진지한 얼굴로 말하는 통에 셋 다 텐트에서 자는 걸로 합의를 했지만, 우리가 농활 온 스무 살 대학생들도 아니고. 세 남녀가 좁은 텐트 안에서 동침한다는 게 처음에는 꽤 신경이 쓰였다.

그러나 내가 그의 의견에 선뜻 그러마 하고 하지 않았던 것은 사실 다른 이유 때문이었다. 내가 호주에서 일자리를 알아보며 벌어 먹고살 궁리를 할 때, 렌트할 집을 구하고, 퇴근한 뒤 몇 시간씩 서서 밥을 하고, 영어 공부를 하고, 여행 준비를 할 때도 오직 컴퓨터 게임만 하던 사람이 도리니, 배려니 하는 것들을 운운하며 마치 나를 이기주의자인 양 몰아가는 게 화가났던 것이다. 나 역시 결국엔 텐트에서 같이 자는 도리밖에 없겠다고 생각하고 있었다. 후배를 차 밖으로 내몰고 두 발 뻗고 잘 수는 없을 테니까. 그러나 나는 그가 나말고 다른 이들의 감정을 더 챙기고 보살피는 것이 서운했다.

그가 막 입대했을 때였다. 나는 그에게 '받는' 즐거움을 주고 싶어서 일부러 편지를 한통씩 따로따로 보냈다. 밤마다 내 편지를 보며 여전히 사랑받고 있음을, 덜 외롭기를 바랐다. 그런데 어느 날, 그에게서 날벼락 같은 답장을 받았다.

"나야 매일 당신 편지를 받고 싶지만 전혀 못 받는 사람들에게 미안하니까 앞으로는 조금만 써줘."

처음엔 성인군자같이 멋져 보였는데 이내 기운이 빠졌다. 나는 그가 어떤 상황에서도 나를 최우선에 뒀으면 했다. 나는 그에게 유일한 '예외'이고 싶었다. 내가 원하는 건 "고맙다."는 한마디였다. 대부분 남자가 이 간단할 걸 못해 늘 사단이지만.

어쨌든 후배가 합류한 첫날부터 텐트에서 자고는 있었지만, 태즈매니아에서 예상치 못한 칼바람과 추위를 맞닥뜨리게 되자, 그 날의 결정을 후회하기 시작했다. 내가 왜 멀쩡한 차를 놔두고 이 고생인가 싶었다. 더구나 그는 여행을 그다지 즐기는 것 같지도 않은데. 아무리 돈 먹는 하마라도 잘 때만은 내 방 침대처럼 한없이 포근한 하니였다. 지금처럼 비가 오는 날은 더 말할 것도 없었다.

나는 오늘만이라도 차에서 자자고 그를 설득했다.

"(비 온다고) 우리 둘만 차에서 자는 것은 말이 안 돼."
(누가 둘만 자자고 했나?)
"셋이서 눕기에는 너무 좁고."
(해보지도 않고 어떻게 알아?)
"이 정도면 비가 많이 내리는 편도 아니니까 일단 하던 대로 하자."

그런데 그가 자신하던 것과는 달리 한밤중이 되자 엄청난 비바람이 몰아쳤다. 부실한 텐트가 감당할 수 있는 수위가 아니었다. 텐트 안에 물이 고이기 시작했다. 그런데도 그는 요지부동이었다. 나한테 한 얘기도 있고 하니까 어떻게든 버텨보려는 심산이었으리라.

그는 트렁크에 쌓아둔 빨랫감 더미에서 수건을 몇 개 들고 오더니 물이 흥건한 곳에 푹푹 쑤셔 넣었다. 그의 몸짓은 꽤 박력 있었지만, 결과는 신통치 않았다. 텐트에 고이는 물을 피하려고 몸을 이리저리 비틀 때마다 바닥에 깔린 자갈이 사정없이 등을 후벼 팠고, 며칠 묵은 수건에 물이 스며들면서 텐트 안은 썩은 내가 진동을 했다.

"미안한데 차로 옮기자. 더는 안 되겠다."

침낭 밑에 깔아둔 이불마저 물에 잠길 위기에 처하자 그가 먼저 차 안으로 들어가자는 말을 꺼냈다. 그러게, 진작 내 말대로 했어야지! 휴대폰 조명에 의지해 허둥대며 짐을 옮기는 두 남자를 보니 안쓰러우면서도 왠지 고소했다.

비는 천장을 부숴버릴 듯 요란하게 떨어졌지만 차에 있는 이상 적어도 떠내려갈 염려는 없었다. 그제야 좀 살 것 같았다. 텐트에 비하면 여긴 따뜻한 장작불이 활활 타오르는 아늑한 오두막이었다. 잠이 막 들 무렵 내 침낭 지퍼가 살짝 열렸다. 그가 조용하게 속삭였다.

"진작 여보 말대로 할걸. 미안해."

"당연하지. 내가 언제 틀린 적이 있어?"

흥! 입술을 삐죽거리다 말고 나는 깜짝 놀랐다. "내 말이 다 옳지!" 아빠와의 한판 대결을 벌일 때마다 엄마는 늘 마지막에 저 멘트를 날리곤 했다. 물론 승자는 (언제나) 엄마였다.

나의 결론은 이렇다. 어떤 이유에선지는 모르지만 남자들은 질 확률이 99.9%인 상황에서조차 이상한 고집을 부릴 때가 있다는 것. 그럴 땐 아무리 자세히 설명하고 설득해봤자 소용없다는 것. 직접 실패를 겪고 난 뒤에야 본인이 잘못 판단했음을 시인한다는 것. 어쩌면 나도 엄마처럼 "내 말이 다 옳지." 하는 말을 수십 년 동안 반복해야 할지도 모르겠다.

다음 날 아침이 돼서야 간밤의 상황이 생각보다 훨씬 심각했다는 것을 알았다. 우리가 건너갈 예정이었던 세인트 헬렌(St. Helen)으로 가는 도로가 물에 잠겨버린 것이다. 길 반대쪽에서 오던 차도, 우리도 멈췄다. '상습 침수구역' 팻말이 위태롭게 서 있는 도로 주변은 비구름과 안개로 자욱하게 덮여 있었다. '수해 난민'이 되고 만 것이다.

이제 어디로 가지? 머릿속이 분주하게 움직였다. 이 정도 사태라면 밖에서 야영하기는 힘들 테고 카라반 파크나 모텔을 알아봐야 할 텐데. 하필 이곳은 가이드북에도 딱 두 줄 밖에 언급이 안 될 만큼 작은 동네였다. 우리 같이 발이 묶인 사람들이 많다면 저렴한 숙소를 구하기도 쉽지 않을 것이다.

일단 이 순간을 기록해두자. 시동을 켜고 와이퍼가 빗물을 쓸고 간 틈을 타 셔터를 눌렀다. 뿌연 안개와 급류에 떠내려온 흙탕물이 뱉어내는 진한 회색 거품은 현실과는 달리 꽤 운치가 있었다. 그때였다.

"설마 여기를 건너려는 건 아니지?"

빨간 스웨터를 입은 아저씨가 말을 걸었다. 그는 자기를 짐(Jim)이라고 소개했다.

"글쎄 고민이야. 지도에 보니까 세인트 헬렌으로 가는 길이 여기 말고 하나 더 있던데."

"내가 방금 그쪽을 확인하고 오는 길이야. 거긴 여기보다 더 심각해. 전에도 이런 홍수가 난 적이 있는데 물이 별로 안 깊어 보여도 물살이 세서 휩쓸려가기 십상이지."

사실 건너갈 생각일랑 처음부터 없었다우. 저렴한 숙소가 어디 있을까, 늘 그게 문제지.

"아직 숙소를 구하기 전이라면(귀가 번쩍 뜨였다!) 우리 소방서로 가자. 거기에 너희랑 비슷한 사람들이 모여 있어."

우리랑 비슷한 사람들? 정확히 어떤 면을 말하는 거지? 여행자? 아니면 싼 숙소를 찾는 사람들? 밑질 것도 없는 우리는 일단 그를 따라가기로 했다.

9시 30분 소방서 도착

우리가 도착한 곳은 빨간 소방차가 서 있는 진짜 소방서였다. 그가 소방서로 가자고 했으니 소방서에 도착한 게 당연했지만, 정말 소방서에 들어서자 기분이 남달랐다.

짐이 일러주는 대로 건물 안쪽으로 들어갔다. 열댓 명의 사람이 여기저기 자유롭게 흩어져 재난방송을 보고 있었다. '당신들도 짐에게 구원된 어린양들이군요.' 가볍게 눈인사를 주고받으며 주변을 둘러보았다. 야영장이든 소방서든 제일 좋은 자리는 안쪽 벽이나 모서리다. 우린 의자 세 개가 나란히 붙어 있는 벽 모퉁이에 자리를 잡았다. 뉴스를 보니 퀸즐랜드와 뉴 사우스 웨일즈는 상황이 심각한 모양이었다. 작년에 콥스 하버부터 브리즈번 여기 태지 섬까지. 우린 비를 피해 다니는 걸까 몰고 다니는 걸까.

"비 맞아서 추울 텐데 일단 좀 씻어둬요."

역시 짐 아저씨. 내가 뭘 원하는지 정확히 알고 있었다. 샤워실은 열 명이 한꺼번에 들어가도 될 만큼 널찍했다. 수도꼭지를 열자 따뜻하고 풍성한 물줄기가 차가운 몸 위로 흘러내렸다. 하도 따뜻해서 그곳이 대피소만 아니었다면 몇십 분, 아니 한 시간이라도 그대로 서 있고만 싶었다.

소방서는 누가 봐도 대피소였다. 식빵과 물, 차, 커피 같은 구호품이 속속 도착했다. 이제 막 들어온 생쥐 꼴의 여행자, 대장 행세를 하며 대열을 정비하는 사람, 집에 있는 탈수기와 건조기를 가져온 주민들, 어떤 사람들이 모여 있나 궁금해서 들른 주민. 사람들은 알아서 냉장고에 음식을 넣거나 천장에 빨랫줄을 매달았다. 그중 제일 반가운 건 (아마 우리를 먹이기 위한 것이 분명한) 햄버거 패티를 굽는 두 명의 어린이였다. 나도 모르게 입안에 침이 가득 고였다. 오늘 우리에게 무슨 일이 닥쳤는지는 까맣게 잊은 채.

12시, 태즈매니아 산 앵거스 버거 맛 좀 보실라우?

진하게 탄 인스턴트커피 한잔을 다 비울 때쯤 드디어 태즈매니아산 앵거스 버거가 안쪽으로 배달되었다. 패티를 굽고 있던 소년과 소녀가 상기된 얼굴로 군중 앞에 섰다. 주근깨에 교정기를 한, 누가 봐도 순박한 이들의 얼굴에는 수줍지만 당당한 표정이 어려 있었다. 알고 보니 이곳의 어엿한 주니어 소방관들이다.

자자, 착한 주니어 소방관이 여러분께 태즈매니아 산 앵거스 버거를 서빙 해드리겠습니다~ 하고 허세를 좀 부렸어도 기꺼이 열광했을 텐데. 아무런 광고도, 멘트도 없이 햄버거 증정식이 시작됐다. 사람들은 자연스럽게 한 줄로 섰다. 식빵에 두툼한 패티, 마트에서 파는 흔한 소스뿐이었지만 맛이 기가 막혔다. 표정관리를 해야 하는데. 우린 재난민인데. 지나치게 맛있어서 절로 웃음이 나왔다.

얼른 먹고 하나씩 더 먹자. 난 두 남자에게 눈짓을 보냈다. 짐 아저씨는 허겁지겁 맛있게 먹어치우는 우리를 흡족한 듯 바라보며 오늘 밤 우리는 여기 비나롱 베이를 벗어날 수 없다는 기쁜 소식(?)을 전해 주었다. 세인트 헬렌에서 누군가가 보트를 타고 구호물품을 싣고 왔다는 이야기도.

"다른 생각 말고 그저 즐겁게, 편안히 지내 달라."

지금까지 들어본 것 중 가장 간단하고, 멋지고, 감동적인 연설이었다. 나도 누군가에게 친절을 베풀 일이 생기면 써먹어야지. 여행 노트에 빠짐없이 적어두었다.

두 개째 햄버거를 다 먹어갈 무렵 한 아주머니가 직접 구운 케이크와 스콘을 들고 왔다. 아, 이렇게 즐거워도 되는 거야? 이렇게 완벽해도 되는 거냐고! 테이블에는 온갖 먹을 것들이 쌓여 있지, 오늘 밤 우리를 편안하게 재워 줄 매트리스가 밖에서 대기중이지. 무엇을 먹을지, 어디서 잘지를 매일 같이 고민하던, 더위와 추위와 싸워가며 보냈던 날들과 비교하면 여긴 천국이나 다름없었다.

난 진짜 환호성이라도 지르고 싶었다. 발이 묶인 사람 중에는 그날 밤 데븐 포트에서 멜번으로 가는 배를 타기로 돼 있거나 세인트 헬렌에 일행을 두고 온 안타까운 사연의 주인공들도 있었다. 하지만 우리는? 돈은 없어도 시간만은 넉넉한 여행자였다.

오후 5시, 파티장으로 변한 소방서

상황이 장기로 흘러갈 조짐이 보이자 사람들은 의자에서 내려와 바닥에 담요를 깔고 앉거나 눕기 시작했다. 한 할아버지가 벽에 기대고 앉아 기타를 치며 노래를 부르자 대여섯 살, 두서너 살쯤 돼 보이는 꼬마 둘이 나와 막춤을 추었다. 맞추기라도 한 듯 어른 세 명이 무대로 등장했다. 즉석 잼이 시작된 것이다.

그들 중 한 명에게 기타를 넘겨준 최초 기타리스트 할아버지는 리드 싱어가 되었고, 한 명은 하모니카를, 다른 한 명은 클라리넷을 불었다. 젊은이, 노인 할 것 없이 커피와 맥주잔을 들고 어깨를 들썩였다. 동네잔치가 벌어지는 펍에 앉아 있는 기분이었다. 아는 노래였다면 큰소리로 따라 불렀을 텐데. 무대로 나갈 용기는 없던 나는 열심히 손뼉만 쳤다.

즉석 공연이 끝나고 잠시 조용해진 틈을 타서 한 소방관이 성인 두 명을 애타게 찾았다. 우리에게 두 번째 행운이 다가오고 있었다.

참 착하기 들도 하다. 소방서 건너편에는 이층집의 멋진 홀리데이 하우스가 있었는데, 거기 머물고 있던 여행자가 우리 중 두 명에게 잠자리를 제공하고 싶어했다. 소방관 옆에 서 있는 젊은 여자는 미셸, 세인트 헬렌에서 보트로 공수해 온 물품 중 우유의 수혜자였다(그에겐 신생아 아들이 있었다). 아마 도움을 준 이들에게 무엇으로 보답하면 좋을지 고민한 끝에 내린 결정이리라.

상황 파악이 끝난 나는 반사적으로 손을 들었다. 오늘 아침 짐을 만나 소방서로 온 것이 성수기에 어렵게 구한 이코노미 티켓이라면, 미셸 숙소의 침대에서 자는 건 퍼스트 클래스로 무료 업그레이드를 하는 것이나 마찬가지였다.

"사실 우리는 셋인데, 괜찮겠니? (곤란하다는 말이 나올까 봐 먼저 선수를 쳤다) 우린 바닥에서 자도 좋아."

그녀는 저녁에 아기를 재운 뒤 우리를 데리러 오겠다고 했다.

'어때, 다들 봤지? 나의 능력을.'

지난밤의 텐트 사건으로 나의 미움을 받고 있던 두 남자를 의기양양하게 내려다보았다. 그들의 경외심 가득한 눈빛이란. 난 비나롱 베이의 친절한 주민들을 봐서 아량을 베풀기로 했다.

그 날 저녁, 햄버거 두 개로 다시 한 번 든든하게 배를 채운 럭키 가이 셋은 미셸이 안내해준 방에서 노트북으로 영화를 보고, 감자 칩을 먹으며 고스톱까지 한 판 친 뒤 단잠에 빠져들었다. 닷새 만에 맛본 꿀맛 같은 휴식이었다.

사실 이날 홍수는 무척 심각했다. 퀸즐랜드에서는 사망자와 실종자가 속출했고, 개인은 물론 국가가 입은 경제적 손실도 막대했다. 우리가 무척 좋아했던 브리즈번 서쪽의 공원 도시, 투움바(Toowoomba)의 상황은 처참할 정도였다.

어떻게든 살아내야 하는 일상의 치열함조차 여행자에겐 한낱 에피소드에 지나지 않는다는 것. 이것이야말로 여행자의 특권이자 한계이리라. 그들을 애도하는 마음과는 별개로, 어쨌든 그 덕분에 우리의 여행이 더욱 흥미로워진 것은 사실이었다.

다음 날 10시, 세인트 헬렌 긴급대피소 도착

아침 7시. 미셸의 숙소를 나와 보니 대부분 사람은 이미 빠져나간 뒤였다. 북적거리던 소방서는 빨래 건조기와 매트리스같이 가재도구를 정리하는 주민 몇 명만 남아 있었다. 짐 아저씨와 남은 이들과 일일이 포옹을 나누었다.

"이번 여행이 끝나면 책을 쓸 생각이에요. (언제가 될지는 모르지만) 그 책이 완성되면 소방서로 한 권 보내겠습니다. 당신들의 친절은 정말 잊지 못할 거예요. 고마워요, 마이 프렌드."

"No, worries. 우린 당연히 해야 할 일을 한 거야. 그저 호주에서 좋은 추억을 가지고 가길 바랍니다. 남은 기간도 조심히 여행 잘하고."

다음에 또 만날 수 있을까? 상대적으로 남은 시간이 얼마 없는 노인들과의 헤어짐은 늘 더 애잔했다.

무사히 다리를 건너 세인트 헬렌에 도착하자 빗방울이 다시 굵어지기 시작했다. 그리고 도로 사정과 날씨를 확인하기 위해 들른 시의회 사무실에서 우린 뜻밖의 소식을 들었다. "(우리의 다음 목적지인) 캠벨 타운(Campbell Town)으로 가는 길이 복구가 덜 됐으니 일단 긴급대피소로 가서 추이를 지켜보라."는 것이다.

긴급대피소=공짜 음식과 공짜 매트리스.

어제 이후로 우린 긴급대피소가 얼마나 매력적인 단어인지 잘 알고 있었다. 시 의회에서 관리하기 때문인가. 확실히 비나롱 베이 소방서보다 체계적이고 규모도 컸다. 우린 더는 뭘 할 줄 몰라 쭈뼛거리는 초보 난민이 아니었다. 자연스럽게 안쪽 벽으로 가 자리를 잡고, 깨끗한 이불과 포장도 안 벗겨진 베개, 새 시트를 확보했다. 입구에는 우리가 먹어주기만을 기다리는 스낵과 샌드위치, 음료수가 널브러져 있었다.

푹신한 매트리스에 앉아 일기를 쓰고, 책을 보고, 음악을 듣다 보니 벌써 점심시간. 메뉴는 오븐에 구운 닭과 샐러드, 부드러운 빵이었다. 이 동네 사람들은 모두 요리사라도 되나? 하도 맛있어서 포크질이 멈춰지지를 않았다. 배는 부르고, 이불은 폭신하고. 말이 대피소지 남아 있는 이들도 별로 없어서, 조용한 주택가의 커다란 독방을 차지하고 있는 유학생이라도 된 기분이었다.

오후 4시 30분, 우리처럼 남쪽으로 갈 예정인 중년의 자전거 여행자 커플과 오토바이 여행자 한 명, 그리고 우리 셋은 대피소를 나와 세인트 헬렌의 여행자 숙소로 이동했다. 이 타운에 공식적으로 남은 난민은 우리뿐이었다. 하긴 여섯 명이 머물기에 대피소는 너무 넓었다. 그렇다고 아직 비가 추적추적 내리는데 "자, 이제 사람도 별로 없고 대피소는 문을 닫아야 하니 각자 알아서들 떠나시오." 하고 야박하게 굴 수 있는 사람들도 아니었다. 오전에 의회 사무실에서 만났던 여직원이 다시 등장했다. 그녀는 우리를 깔끔한 백팩으로 안내해주었고, 잘 쉬다 가라는 인사를 한 뒤 홀연히 사라졌다.

여섯 명의 절반인 셋인 덕분에 우린 거기서 가장 큰 패밀리 룸에 안내되었다. 당연히 무료로! 어제부터 이게 웬 횡재냐! 방에 들어선 즉시 우린 일제히 웃음을 터트렸다. 근엄한 표정은 더는 필요 없었다.

짐을 정리하고 뜨거운 물로 샤워까지 하고 나자 말간 해가 모습을 드러냈다. 조금만 더 일찍 비가 그쳤더라면 지금쯤 무료 야영장을 찾아 헤매고 있었을 텐데. 일생에 몇 번 있을까 말까 한 완벽한 타이밍이었다.

오후 6시, 다시 떠오른 태양

커튼을 열어젖혔다. 한쪽 벽면 전체가 커다란 유리창으로 된 방이었다. 맑은 햇살이 내 얼굴에, 카펫에 쏟아졌다. 초록색 이파리에 달라붙은 물방울들이 햇빛을 받아 은색으로 반짝거렸다. 파란 하늘과 녹색의 호주. 맨바닥에 느껴지는 카펫의 까칠함마저 마음에 들었다.

두 남자가 샤워하는 동안 침대에 걸터앉아 책을 읽었다. 셋이 여행한 뒤 이렇게 빈둥거리기는 무척 오랜만이었다. 예상치 못한 선물 같았던 지난 이틀을 생각하자 저절로 콧노래가 나왔다. 사실 분에 넘치는 베풂이었다.

마음이 안정이 되자 요사이 내 머리를 가장 어지럽혔던 종욱에 대한 문제도 편안해졌다. 사실 우리 중 가장 불편한 건 선배 부부 사이에 낀 그였을 것이다. 나라고 완벽할 리도 없었다. 십 년을 함께 해온 남편조차 어쩌지 못해 사네 마네 하면서 네 살이나 어린, 같이 여행한 지 고작 한 달도 안 된 후배를 이것저것 재고 따졌다니. 어쩌면 지금이야말로 내가 더 나은 사람이 될 기회인지도 몰랐다.

"뭐 먹고 싶은 거 없냐?"

일단 그가 좋아하는 메뉴로 저녁을 준비하는 것부터 시작했다.

다정한 쉐프의 컴백. 나도 무척 반가운 일이었다.

수해 난민 일지, 즐거워서 죄송합니다

315

하르츠 산맥 국립공원(Hartz Mountains National Park)

결론은 해피엔딩

엄마와 동생과 숨바꼭질을 하던 오후의 기다랗던 그림자들, 정갈한 비질 자국이 나 있는 이른 아침의 마당, 그리고 할아버지의 은단냄새. 수십 년이 지나도 기억에 남아 있는 것들은 뜻밖에 사소하고 소박한 장면들이다. 여행도 마찬가지였다. 멕시코 피라미드의 위용보다 그곳에 같이 올랐던 사람들이 먼저 떠오르고, 휫선데이 섬의 해변도 좋았지만, 해파리 잠수복을 입고 커다란 배낭을 메고 걸어가던 그의 뒷모습이 더 생생하다.

　그러고 보면 삶은 결혼이나 이혼, 죽음 같은 굵직한 사건들이 아니라 일일이 언급하는 것조차 낭비처럼 느껴지는 평범한 것들의 힘으로 살아지는 것인지도 모르겠다. 이를테면 로스(Ross)에서 마신 따뜻한 카페모카 한잔 처럼.

　섬으로 된 주, 태즈매니아는타고난 고립성 때문에 '천연의 교도소'라고 불릴 만큼 죄수 수용지로 각광받았다. 그 덕분에 호주에서 가장 풍부한 식민지 시대의 유산을 보존하고 있기도 하다. 론체스톤 남단에서 주도인 호바트까지 이어지는 중부 고속도로(Midland Highway)는 일명 '헤리티지 고속도로(The Heritage Highway)'라고 불리는데 그 길에는 식민지 유적 타운들이 밀집해 있다.

그 가운데 하나인 로스는 인구가 300명도 안 되는 작은 마을이었다.

돌로 장식된 건물과 끝이 뾰족한 삼각형 모양의 지붕들 때문에 영국의 시골에 있는 것 같은 착각이 들었다. 아침 일찍 도착한 우리는 마을 입구에 있는 작은 식료품 가게 앞 테이블에 자리를 잡고 김치찌개를 해 먹었다. 우리가 앉아 있던 테이블 뒤쪽으로 교회가 하나 있었는데, 머리가 하얗게 센 할머니가 말끔한 원피스 차림으로 건물 안에 들어가는 걸 보고 나서야 그날이 일요일이라는 것을 알았다.

마을 구석에 있던 카페 겸 선물가게에 들어가 카페모카 한잔을 샀다. 늙은 바리스타가 정성껏 만든 커피를 아껴 마시며 마을을 한 바퀴 돌았다. 호주에는 아무리 작은 마을이라도 맛있는 커피를 만드는 사람이 꼭 있다는 게 늘 신기했다. 교회를 끼고 오른쪽으로 돌자 죄수들이 세웠다는 돌다리가 나왔다. 여성 유형수 수용소를 지나 기찻길을 건너자, 글씨를 알아볼 수 없는 비석 수십 개가 호젓이 서 있는 갈대밭이 등장했다.

알 수 없이 평화로운 마음이 드는 마을이었다. 이럴 때면 여행을 마친 뒤에 오는 것들, 예컨대 무얼 하며 살아갈지, 언제 아이를 낳을지, 다시 또 이런 여행을 할 수 있을 지와 같은 문제들마저 카페모카에 크림을 얹을지, 말지를 선택하는 일처럼 가볍고 단순하게 느껴졌다. 몸도 마음도 더할 나위 없이 나른해지는 햇볕이 쏟아졌다.

나중에 알았는데 로스는 미야자키 하야오 감독의 <마녀 배달부 키키>에 나오는 빵집의 배경이 된 제과점으로 유명한 곳이었다.

"태지 섬만큼 캠핑하기 좋은 곳도 없지."

그들의 찬사는 사실이었다. 이 섬은 한마디로 캠핑 여행하기 딱 좋았다. 야영장이 곳곳에 널려 있어서 해 질 녘까지 잠잘 곳을 찾아 헤맬 일이 없었고, 쌀쌀한 날씨 덕분에 파리나 모기가 없어 쾌적했다. 얼마간 달리면 대도시가 나왔고, 다시 몇 시간 달리면 그림 같은 해변이, 장엄한 산맥과 호수가 나왔다. 200여 년의 역사가 그대로 남아 있는 마을들과 이방인에게 호의적인 사람들. 거기다 야영장 이용료, 주유비, 소고기마저 저렴했으니 이 정도면 캠핑 천국이라 불릴 만했다.

저녁이면 포도주를 마시며, 장작불에 고기를 구워먹자.

여행 전날 다짐했던 게 지금도 생생하다. 처음엔 집을 나서기만 하면 저절로 이런 생활이 펼쳐질 줄 알았다. 그러나 이런 일련의 '캠핑 문화'를 누리기 위해서는 심리적으로 굉장한 여유가 필요하다는 걸, 나는 마지막 목적지인 태지 섬에서야 알았다.

정해진 날짜 안에 일주를 끝내야 한다는 것은 늘 부담이었다. 더위가 극심하던 웨스턴오스트레일리아에서는 밤낮없이 내달리기 바빴고, 첫인상이 웬만큼 성에 차지 않으면 미련 없이 다음 목적지로 이동했다. 그러다 보니 야영장에 도착한 건 대부분 잠들기 직전이었고, 그 시간에 포도주에 소고기를 구워 먹기란 어려운 일이었다.

다행히 여행이 끝나기 전, 나는 오랫동안 상상해왔던 캠핑여행의 밤을 맞이했다. 여행에 대한 부담이 거의 사라져서 이젠 정말 어떤 일이 벌어져도 상관없다는 생각이 들었던, 이 작은 섬의 남단에 있는 국립공원 야영장에서였다.

일반적으로 좋은 야영장의 조건은 이렇다.

1. 무료일 것

2. 근처에 물이 있을 것

3. 잘 관리된 수세식 화장실(더러울 바에야 없는 게 더 낫다)

4. 깨끗한 바비큐 시설

그러나 이날 이후로 나는 좋은 야영장의 조건에 하나를 더 추가했다. 바로 무료 장작더미.

우리가 자리를 잡은 곳은 하르츠 산맥 국립공원에 있는 소규모 야영장이었다. 오후 햇살이 제법 쨍쨍해서 야영장에서 시간을 보내기엔 꽤 이른 시간이었다. 텐트를 친 두 남자가 개울에 들어가 물고기를 잡아보겠다고 소란을 피우고 있을 때, 소형 트럭 한 대가 야영장에 들어섰다. 레인저, 공원 관리인이었다. 그가 쓰레기봉투를 교체하고 화장실을 정리하자 안 그래도 깨끗하던 야영장이 번쩍거렸다.

"못 보던 건데?"

저녁 준비를 하는 내 옆에 서서 뭐 얻어먹을 게 없나 하고 얼쩡거리던 남편이 무언가를 가리켰다. 작고 정갈하게 팬 장작 꾸러미였다. 아까 공원 관리인이 두고 간 것 같았다. 하룻밤 머물다 가는 여행자들을 위해 장작을 준비해주다니! 이 섬사람들, 이렇게 착해도 되나 싶었다.

"고기를 사 와서 구워 먹자."

상점이 있는 마을까지 거리가 꽤 멀었지만, 그렇다고 이런 기회를 버릴 순 없었다. 걱정이라면 그 사이 다른 여행자들이 나타나 이 장작을 다 태워버리는 것. 얌체 같지만, 텐트 안에 장작꾸러미 하나를 숨겨두고 부랴부랴 마트로 갔다.

두툼한 소고기 한 팩, 양념에 재워진 닭고기, 버섯, 양파에다 알이 굵은 감자는 아예 봉지 째 샀다. '4리터' 짜리 '바로사 밸리 산 시라즈 포도주'도 챙겼다. 먹을 것을 사면서 이렇게 흥분하기는 실로 오랜만이었다. 다시 쏜살같이 돌아온 야영장. 다행히 장작더미들도 모두 무사했다.

좋았어, 이제부터 진짜 파티다!

내가 밥을 하는 동안 남자들은 불을 피웠다. 마른 장작은 티티-틱 소리를 내며 금방 타올랐다. 야영장에 비치된 불판을 대충 씻고 포일을 간 다음 소고기, 닭고기, 버섯을 정성껏 올렸다. 감자는 활활 타오르는 불구덩이 속으로 풍덩! 그리고 텀블러에 포도주를 한가득 부었다.

짠~ 캬~! 달콤 쌉싸름하고 시큼한 액체가 식도를 넘어 오장 육부를 훑고 지나갔다. 소고기는 소금과 된장에 대충 찍어 먹어도 살살 녹았고, 양념이 잘 밴 치킨은 새벽 2시에 배달해 먹던 어느 도시의 것보다 몇 배는 더 맛있었다. 우린 굽고 또 굽고, 배가 차면 좀 쉬었다가 다시 먹었다. 산중에 메아리쳐 돌아오는 목소리를 감상하며 큰소리로 노래도 불렀다.

한참 분위기가 무르익어갈 무렵, 중년의 호주 커플이 야영장에 들어섰다. 잠깐 화장실에 들른 이들이었는데, 한껏 흥분 상태였던 나는 괜찮다는 그들에게 기어코 포도주를 따라주었다. 새참을 먹던 농부들이 행인에게 막걸리를 부어주는 것처럼. 이게 바로 한국의 정이라는 겁니다! 더구나 이들은 애들레이드 힐 출신이었다.

애들레이드 힐? 우리가 정확히 일 년 반 전, 거기 있는 포도농장에서 일했다고요! 여행한 뒤로 애들레이드, 아니 사우스오스트레일리아 사람을 만난 건 처음이었다. 종로 한복판에서 고향 친구를 만난 것처럼 반가웠다. 나는 주책없이 우리의 레퍼토리를 읊어댔다. 우드나다타 트랙, 울루루와 앨리스, 정신병이 걸릴 뻔했던 눌라보 평원, 비옥한 서호주 남부를 지나 파리와 더위와 우기에 쫓겼던 서호주 북부와 탑 엔드, 퀸즐랜드와 뉴 사우스 웨일즈의 아름다운 동부해안. 그리고 며칠 전 홍수를 만나 비나롱 베이의 긴급대피소에 있던 것까지.

떠나는 그들에게 감자 두 알을 꺼내주었다. 그렇게라도 하지 않으면 아쉬워서 안 될 것 같았다. 이번 여행에서 가장 행복한 시간이 될지도 모를 이 순간을, 그들도 어떤 식으로든 기억해주길 바랐다. 비록 그것이 (잘 익은 혹은 덜 익은) 감자를 준 세 명의 술 취한 동양인일지라도.

손님들이 돌아간 뒤 갑작스러운 정적이 찾아왔다. 배가 불렀지만 그래도 포도주만은 수웁 짭짭, 쉬지 않고 들이켰다.

검고, 붉고, 노란빛을 골고루 내며 타들어 가는 장작을 바라보고 있으니 어린 시절이 떠올랐다. 댐이 들어서면서 물속에 잠겨 버린 나와 내 아버지의 고향. 그리고 처마 밑에 사시사철 수북하게 장작을 쌓아 올렸던 할아버지.

농한기 때나 어쩌다 일이 없는 날에도 가만히 집에 있는 법이 없던 농사꾼은 연탄보일러가 들어온 다음에도 장작 패는 일을 멈추지 않았다. 할아버지는 6·25 때 총을 맞아 한쪽 다리를 절었는데, 땅바닥에 질질 끌릴 만큼 커다랗고 기다란 나무를 지게에 지고 삽짝에 들어설 때마다, 나는 지게가 기우뚱하고 넘어져 그를 덮치지는 않을까 조마조마했었다. 기가 막힌 건 할아버지의 장작 패는 솜씨였다. 일단 톱으로 쓱쓱 썰어 여러 개로 토막을 친 뒤 토막 난 통나무를 세워놓고 도끼로 세 번 내리치면, 똑같은 두께의 장작 네 토막이 만들어졌다. 그러면 나는 그것들을 신 나게 처마 밑으로 날랐다.

첫 손녀인데다 10년 이상을 같이 산 정 때문이겠지만, 나는 할아버지와 무척 각별했다. 그래도 한 가지 부분에서는 앙숙이었는데, 바로 벌초 감, 아들에 대한 할아버지의 집착이 드러날 때였다. 지금 같으면 '노인이 그냥 하는 소리려니.' 하고 넘어갔으련만, 그땐 얼굴을 붉히고 발끈하며 할아버지에게 대들어야만 직성이 풀렸다.

철이 들고 난 뒤엔 무작정 그곳을 벗어나고 싶었다. 거칠고, 투박한 사투리를 쓰는 시골 사람들이 싫었고, 세련된 옷을 입고 도시에서 살고 싶었다. 더 크고 새로운 세상에 대한 갈망. 집과 멀리 떨어진 대학에 입학한 것도, 여행을 좋아하는 것도 그 때문이라고 생각했다.

그런데 이번 여행을 하면서야 비로소 나는 내가 그토록 버리고 싶어했던 촌스럽고, 오래되고, 시골스러운 것들을 찾아다니고 있다는 걸 알았다. 대학 때 한 달에 한 번, 집에 내려가는 기차 안에 있을 때가 제일 행복했던 것처럼. 떠난 뒤에야 비로소 그곳이, 그때가 얼마나 소중했는지를 깨달았던 것이다.

달이 떠올랐다. 그럴 리가 없는데도 서울에서 보던 것보다 몇 배는 더 커 보였다. 연회색 구름이 검푸른 하늘을 빠르게 가로질렀다.

"오늘 정말 행복한 하루였어. 모두 당신들 덕분이야. 여행이 다 끝난 것은 아니지만, 오늘은 고맙다는 말을 꼭 하고 싶네."

여행이 끝날 무렵의 감정들은 어느 정도 현실을 왜곡하기 마련이다. 난 그 순간이 좋았다. 좋았던 것들만 생각나고, 더 좋은 것들을 기대하며 한껏 부풀어 오르는 해피엔딩의 시간. 더구나 모두가 취해버린 지금은 낯간지러운 고백을 하기 좋은 타이밍이었다.

"저도 정말 최고였어요. 형, 누나 덕분에. 이런 여행 언제 또 해보겠어요."

후배가 답사했다. 옹졸하게 품고 있던 크고 작은 앙금들이 다투어 밖으로 빠져나왔다. 난 몸과 마음이 가벼워지는 걸 느꼈다.

혼자여도 외롭고, 둘이어도 외로운 우리가 서로의 눈을 마주 보며 진실한 감정들을 토해내던 그날 밤. 난 어쩌면 울루루나 횟선데이 보다 지금 이 순간을 더 그리워하게 될지도 모른다고 생각했다. 두 남자와 함께 아무렇게나 퍼질러 앉아 김치찌개를 먹고, 초콜릿에 포도주를 마시고, 목이 터져라 노래를 부르고, 얼떨결에 야생 웜뱃과 고슴도치를 만났던, 사소하고 소박해서 일일이 언급하는 것조차 낭비처럼 느껴지는 평범한 것들을.

크래이들 산·세인트 클레어 호수 국립공원
(Cradle Mountain·Lake St. Clair National Park)

야생동물과 한판 대결

다음 날 아침 눈을 떴을 때는 날이 완전히 샌 뒤였다. 이마에 무거운 돌을 하나 매달고 있는 것 같이 지끈거렸다. 셋이서 포도주 4리터를 해치웠으니 그럴 만도 했다. 텐트에는 나 혼자였다. 뻐적지근한 허리를 비틀며 텐트 지퍼를 내리자, 시리도록 맑은 햇살과 경쾌한 새소리가 한꺼번에 들이닥쳤다. 침낭 속에서 뒹굴 거리기 민망할 만큼 화창한 날씨였다.

어렴풋한 사람의 형체가 보였다. 손을 더듬어 안경을 찾아 대충 걸쳤다. 트렁크를 활짝 열어젖히고 남편이 아침 준비를 하는 중이었다. 그리고 저 음악은? 유키 구라모토다! 아, 목구멍에 뭐가 걸린 듯 울컥하더니 눈앞이 흐릿해졌다.

내가 변했을까, 그가 달라졌을까.

분명한 건 여행이 막바지에 들어서면서 우리에겐 전과 다른 '팀 스피릿'이 생겼다는 것이다. 청소를 일주일에 몇 번 하네, 에어컨을 끄네 마네 하는 개미만큼 사소한 문제로도 심각했던 우리였건만, 지금은 남편이 덥겠다 싶으면 내가 먼저 에어컨을 켜고 모든 바람구멍을 그에게로 향하게 한 다음, 나는 얇은 담요를 덮었다.

여행친구로서도 그는 괜찮은 편이었다. 운전하는 걸 좋아하고, 어지간해서는 힘들다는 말을 입 밖에 꺼내지 않았다. 대도시로 진입할 때 요금소의 출입구를 못 찾거나, 속도 제한 표지판을 제때 못 봐서 벌금을 내기도 했지만 캥거루나 소를 들이받는, 호주 도로에서 흔히 벌어지는 사고에 비하면 아무것도 아니었다. 시간이 좀 걸려서 그렇지, 길눈은 어두워도 지도는 잘 읽기 때문에 어떤 곳이든 찾아냈다. 음식 타박도 전혀 없었다. 오히려 내가 해주는 요리가 세상에서 제일 맛있다고 늘 치켜세워주었다. 특히 책임감이 투철해서 아침저녁으로 짐을 옮기고, 설거지하고, 바비큐를 할 땐 알아서 불을 피우고, 고기를 굽는 것 같이 별것 아니지만 매일 하기는 귀찮은 일들을 두말없이 해냈다.

그리고 아주 가끔이지만 적절할 때 발휘되는 그의 세심함은 기가 막힐 정도였는데, 예컨대 지금같이 내가 좋아하는 음악을 틀어 놓고 밥도 다 해놓고서 내가 일어나기만을 기다리고 있으면 난 주책없이 눈물 바람을 하곤 했다. 나란 여자, 쉬운 여자다 정말.

그가 옆에 없는데 비가 오고, 달이 뜨고, 새벽이 오면 어쩌나. 그즈음 나는 과연 앞으로 혼자 여행을 할 수 있을까에 대해 생각하곤 했다. 한 사람이 다른 누군가에게 반드시 필요하다는 것은 행복일까 불행일까. 자유에 대한 욕망이 줄어든 것은 불행이겠지만, 그런 욕망의 필요성을 못 느낀다면 행복일 것도 같았다. 어쨌든 나는 그와 함께 있는 것에 무척 길들어 있었다. 그가 없는 세상은, 상상만 해도 심장이 욱신거렸다.

"정말 맛있다, 고마워."

내 표정을 살피는 그에게 활짝 웃어 보였다. 밥물 양을 어쩜 이렇게 잘 맞췄느냐, 요리까지 잘하니 앞으로 내가 할 일이 없겠다, 호들갑도 떨었다. 그러나 실은 거짓말이었다. 찌개는 싱거웠고, 꽁치보다 김치가 너무 적게 들어가서 비린내가 났다. 밥도 질었다. 하지만 난 그가 보는 데서 찌개에 소금을 들이붓는 잔인한 짓은 하지 않았다. 그것은 나의 충실한 (어쩌면 평생 함께할 지도 모를) 여행 파트너에게 큰 상처가 되는 일이라는 걸 잘 알기 때문이다. 사실 내 요리도 그랬을 것이다. 매번 똑같이 맛있을 수는 없었을 텐데 그는 언제나 밥 한 톨 남기지 않고 싹싹 먹어주었다. 이제 내가 보답할 차례였다.

호주 본섬의 매력이 척박한 아웃백이라면 태지 섬에는 빙하의 영향을 받은 험준한 비탈과 산지, 깊은 골짜기와 협곡, 그리고 호수가 있다. 특히 크래이들 산·세인트클레어 호수 국립공원이 자리한 섬의 중앙 및 남서쪽 지역은 복합유산(자연유산과 문화유산의 두 가지 기준을 모두 충족한 곳으로 레드 센터의 울루루·카타 튜타, 다윈의 카카두 국립공원 등도 이에 해당한다)으로 지정돼 있는데, 면적이 약 1만 4,000㎢에 달하며 다양한 생태환경이 보존돼 있어 태지 섬 여행의 핵심으로 꼽힌다.

크래이들 산·세인트 클레어 호수 국립공원을 마지막 목적지로 남겨
둔 이유는 워낙 거대해서 한 번에 다 보기 어렵기 때문이었다. 이곳을
돌아보는 가장 매력적인 방법은 크래이들 산에서 시작해 세인트 클레
어 호수까지 내려오는 오버랜드 트레킹(우리나라로 치면 종주와 비슷한
개념으로, 참가자들은 보통 일주일에 65킬로미터를 걷는다. 여름시즌인
11월부터 4월까지만 가능하며 참가 인원을 제한하므로 미리 계획하는
것이 좋다)이다. 일정상 트레킹을 할 수 없었던 우리는 공원 남쪽의 세
인트 클레어 호수를 먼저 본 뒤, 국립공원을 빠져나와 서쪽의 스트라한
(Strahan)과 북쪽의 스탠리(Stanley) 등을 둘러본 다음 크래이들 산에 들
어가기로 했다.

그리고 지금은 세인트 클레어 호수. 과연 호수 주변의 비지터 센터와
야영장은 커다란 배낭과 등산복 차림의 도보 여행가들로 북적였다. 대
부분이 북쪽에서 출발한다니까 여기서 짐을 풀고 있는 이들은 이제 막
도보여행을 마쳤을 가능성이 컸다. 초등학생 정도의 어린이들이 비지터
센터로 들어서고 있었다. 둘둘 만 방수매트가 터덜터덜 매달린 배낭을
메고 스틱을 들고 걷는 모습이 그렇게 근사할 수가 없었다.

1인당 10달러가 조금 넘는 야영장에 대충 자리를 잡고 카메라만 챙
겨 나왔다. 거대한 산이 병풍처럼 둘러싸고 있는 거대한 호수에는 구름
이 흘렀고, 가끔 새들이 날아들었다. 규모가 꽤 큰 야영장이어서 투숙객
들이 많았지만 호수 주변은 적막만 흘렀다.

좀 더 걸으며 사색에 몰두하고 싶은 걸 방해한 것은 역시 '추위'였다.
200미터 깊이의 호수 때문인지, 한여름이라는 게 믿기지 않을 만큼 체
감 온도가 급격히 낮아졌다. 고작 몇 분 만에 카메라를 들고 있던 손이

얼얼해져 제대로 펴지지가 않았다. 호수에서 불어온 바람이 날카롭게 온몸을 후려쳤다. 도망치듯 빠른 걸음으로 야영장으로 돌아온 우리는 따뜻한 물로 샤워한 뒤 옷을 최대한 껴입었다.

기왕 돈 내고 머무는 거, 밀린 빨래나 왕창 하자.

하필 우리가 머무는 텐트촌의 건조기가 2달러만 날름 집어삼킨 것이 화근이었다. 이미 세탁이 끝난, 축축한 빨래를 그냥 둘 수도 없어서 두 남자가 다른 구역에 있는 세탁실로 가 건조를 시켜오기로 했다. 그런데 아무리 기다려도 두 인간이 올 생각을 안 했다. 하필 전화기도 안 챙겨가서 연락도 안 되고, 걸어가 보기엔 너무 멀고. 날이 완전히 깜깜해진 야영장에서 혼자 텐트에 앉아 있으려니 무서운 생각만 들었다. 그리고 정말 무슨 일이 생겼나 걱정이 들 무렵, 그들이 돌아왔다. 무슨 일이 있었는지 한숨을 쉬기도 하고 어이가 없다는 듯 연신 웃어 제치며 말을 못했다.

왜? 무슨 일인데? 한참 동안 숨을 고르며 뜸을 들이던 그가 입을 열었다. 사연은 이랬다(남편의 말을 각색한 것임).

빨래를 건조하고 밖으로 나왔는데 사람들이 하니 옆에서 웅성거리고 있더라고. 몇몇은 우리 차를 손가락으로 가리키며 킥킥대기까지 하는 거야. 도대체 뭔 일인가 싶었지. 누가 우리 차에 해코지한 건 아닌가 걱정도 되고 말이야.

그런데 차 지붕에 괴상하게 생긴 짐승 한 마리가 앉아 있는 거야. 처음 보는 야생동물이었어. 눈은 커다란데 꼬리는 가늘고 기다란 게 너구리 같기도 하고, 커다란 쥐 같기도 한 것이 지붕에서 사람들을 내려다보고 있더라고. 사람들은 그놈을 구경하고 있던 거였어. 가만히 앉아 있는 모습이 꽤 귀여웠거든. 야영장에서 캥거루나 왈라비는 많이 봤어도 이렇게 생긴 놈은 흔치 않으니 신기하기도 했을 거야.

당신도 같이 봤다면 좋았을 걸, 하면서 차 문을 열었어. 그리고 빨래를 안고 있던 종욱이가 탈 수 있도록 조수석 문을 열어주었지. 그런데 바로 그때 예상치 못한 일이 벌어진 거야!

종욱이가 앉으려는 찰나 지붕 위에 있던 놈이 쏜살같이 내려와서 열린 문으로 들어가더니 트렁크 쪽으로 냅다 뛰었어. 마치 내가 문을 열기만을 기다렸다는 듯 무척 재빠른 행동이었지. 허허, 저놈 봐라. 그때까지만 해도 귀엽다고 생각했어.

"어이, 저리 가!"

나는 트렁크를 열고 소리쳤어. 그러면 금방 나갈 줄 알았거든. 그런데 이놈은 보통내기가 아니었어. 숱한 시행착오와 훈련을 거듭한 자만이 가질 수 있는 당당함이랄까? 틀림없이 이렇게 당한 건 우리가 처음이 아니었을 거야.

아무튼 내가 트렁크 쪽에 서 있으면 그놈은 운전석으로, 내가 운전석으로 가면 다시 트렁크 쪽으로 도망을 가고 나갈 생각을 안 하는 거야. 사태가 심각하다고 느낀 건 그놈이 음식이 담긴 비닐 보따리들을 물어뜯기 시작하면서부터였지. 사실 이 부분은 여보에게 말을 할까 말까 고민했는데. 그런데 걱정하지 마. 내가 장담하는데, 무엇 하나 건드리지는 못했을 거야!

결국, 난 무기(두루마리 화장지)를 집어 들었어. 차 주변에는 처음보다 더 많은 군중이 몰려 있었지만 어쩔 수 없었지. 자칫하다가는 우리

식량을 빼앗길 위기였으니까. 나는 운전석에서 트렁크에 있는 그놈을 향해 있는 힘껏 화장지를 던졌어. 그래서 쫓아냈느냐고? 아니. 비참하게도 화장지가 그놈의 등을 살짝 스치고는 굴러떨어지고 말았어.

화장지 하나도 제대로 못 던지는 인간이라니! 왠지 나를 비웃는 듯한 그놈의 시선이 느껴졌지. 나는 씩씩거리며, 그래도 관중을 향해 재미난 상황이 발생했다는 듯 (여유로운) 미소를 지어 보이며, 화장지를 주워 들고는 다시 한 번 소리치면서 힘껏 던졌어. "저리 가!"

종욱이는 도대체 뭐 하고 있었느냐고? 처음에 말했잖아. 빨래를 안고 있었다고. 아, 그게 말이야. 건조실로 들어가서야 당신이 챙겨준 빨래 담는 가방을 트렁크에 두고 왔다는 걸 알았지 뭐야. 다시 차로 가기도 귀찮고 해서 그냥 두 팔로 안고 있었지(커다란 이불솜 두 채 정도 되는 엄청난 분량을 안고 있었다고? 정말? 하나도 안 떨어뜨리고? 난 불안해지기 시작했다).

당신이 지금 잘 이해를 못 하는 것 같은데, 종욱이가 빨래 가방을 찾아서 그것들을 담고, 나를 도와줄 만큼 여유로운 상황이 절대 아니었다니까!

그런데 말이야. 적이라곤 하지만 용맹스러움만큼은 정말 감탄스럽더라고. 인정사정없이 던진 내 화장지 공격을 무서워하기는커녕 도리어 발톱을 세우고 공격할 자세를 취하더라니까. 막대기? 그런 건 구할 틈도 없었어. 설사 막대기가 있었더라도 그것으로 어쩌지는 못했을 거야. 당신도 알지? 여긴 애완동물이 사람들보다 더 귀한 대접을 받는다는 거(호주에서는 위기 상황에 닥치면 어린이, 여자, 애완동물, 그리고 성인 남자 순으로 구조하게 돼 있다).

사실 국립공원에서 야생동물에게 화장지 공격을 하는 것도 영 체면이 안 서는 일이었어. 구경꾼 중 몇 명은 내가 화장지를 던질 때마다 꽥꽥 소리를 질러댔다니까. 내가 마치 동물 학대라도 하는 것처럼 말이야. 어쨌든 그때 내가 할 수 있는 것이라곤 최선을 다해서 화장지를 던지는 일뿐이었지. 그렇지 종욱? (그가 고개를 끄덕였다)

그렇게 여러 번 등을 얻어맞고 나서야 드디어 물러나더군. 하필 우리 차 밑으로 기어들어가는 바람에 나올 때까지 또 한참 기다려야 했지만.

중요한 건, 이 힘겹고 지난한 싸움에서 우리가 승리했다는 거야!

말을 마친 그가 의기양양한 얼굴로 나를 바라보았다. 어이구, 저 어리바리한 허당들! 그는 정말로 흥분해 있었다. 특히 등을 여러 번 얻어맞고도 꿋꿋하게 먹이를 찾아 쿵쿵거렸다고 말할 때는 그 끈기에 감동한 눈빛을 보였다. 아예 곱게 싸서 데리고 오지? 애완동물로 삼게!

잘했다고, 재밌었겠다고 맞장구를 치긴 했지만 속으로는 영 찜찜했다. 화장지 공격까지 불사했다는 걸 보면 분명 난장판이었을 테고 (그가 말하진 않았지만) 그 와중에 후배가 들고 있던 옷가지 중 부피가 작은 속옷이나 양말 같은 것 한두 개가 바닥에 떨어졌을 가능성이 컸다. 그놈이 휘젓고 다녔다는 트렁크는 털이며 흙이 가득하겠지. 비닐을 물어뜯으려고 했다니 여기저기 침이 묻었을 테고.

도대체 덩치 큰 남자 둘이서 조그만 동물 한 마리 어쩌지 못하고 쩔쩔맨 게 무슨 자랑이냐고 쏘아붙이고 싶었지만 일단 아침까지 기다리기로 했다. 날이 밝으면 모든 것이 드러날 테니까. 확실한 증거를 잡는 게 먼저였다.

사실 이날 두 남자가 겪은 것은 특이한 경우고, 대부분 야생동물은 사람을 경계한다. 호주에서 가장 쉽게 볼 수 있는 캥거루와 왈라비는 일정한 거리를 두고 지켜보다가 사람들이 가까이 다가간다 싶으면 콩콩콩 뜀박질을 친다. 딱 한 번 봤던 야생 웜뱃도 그랬다. 머리가 크고, 키가 땅딸막하고, 뚱뚱하며, 다리가 짧아, 마치 쥐의 얼굴을 한 돼지같이 생긴 이 동물은 해 질 무렵 야영장 한쪽 구석에 머리를 처박고 있다가 사람들에게 들키곤 했는데, 그럴 때마다 그 짧고 굵은 다리를 열심히 움직이며 무조건 한 방향으로 내달렸다. 길에서 우연히 본 고슴도치들은 죽은 척하며 한참을 웅크려 있었다.

　　희귀한 야생동물이 많은 호주 국립공원을 여행할 때는 세심한 주의가 필요하다. 특히 음식을 주는 것을 삼가야 한다. 사람들이 귀엽다고, 안쓰럽다고 던져주는 것들에 길든 동물들은 한밤중에 야영장 쓰레기통을 뒤지며 스스로 먹이 구하는 일(야생으로 남는 일)을 게을리한다. 심각한 경우 사람을 공격하기도 한다.

　　다음 날 아침, 드디어 진실의 시간이 다가왔다. 과연 최후의 승자는? 역시 나, 아니 그 동물이었다. 두 남자가 당했을 것이라는 내 추론을 뒷받침해 주는 증거가 속속 나왔다.

　　아침 식사를 준비하다 트렁크 오른쪽 창문 밑에 대량으로 발사해 놓은 그놈의 똥 무더기를 발견했고(1차), 내가 양치하는 사이 남편은 우리 운동화 주머니 위에 가지런히 놓여있던 똥을 추가로 발견했다(2차). 마지막으로 야영장을 떠나기 전, 트렁크 안을 정리하다 종욱이의 검정 캐리어 위에서 또 한 무더기를 발견(3차), 결과는 두 인간의 참패였다. 두루마리 화장지로 맞아가면서도 발톱을 세우며 끝까지 강단을 보였다던 그놈도 사실은 겁이 났던 모양이다. 괄약근 조절이 안 됐던 걸 보면.

그날 밤 두 남자가 사투를 벌였던 동물은 포섬(Possum)이었다.

포섬과의 한 판 이후 섬에서 나흘을 더 머물렀다.

텐트의 틈으로 맑은 햇살이 들어오면 눈을 떴고, 뭉그적거리며 밥을 지어 먹었다. 늘 맑지도, 그렇다고 매번 흐리지도 않았지만 유쾌하고 한적하게 여행하기에 적당한 날씨였다. 우리는 더는 소화하지 못할 때까지 소고기를 구워 먹었고, 달고 진한 초콜릿을 안주 삼아 포도주를 마시며 해가 지평선 너머로 완전히 사라질 때까지 고스톱을 쳤다.

섬에서의 마지막 새벽.

부~웅~ 하고 길고 깊은 소리를 내며 스피릿 오브 태즈매니아가 데븐포트 항구로 들어섰다. 배가 뿜어내는 조명에 반사된 도시가 파도 위에 출렁였다. 차분하게 가라앉아 있던 새벽은 배를 타기 위해 준비하는 사람들로 분주해졌다. 늘 그랬듯 아침과 점심 두 끼를 준비했다. 말릴 새가 없는, 이슬이 맺힌 텐트를 트렁크에 대충 구겨 넣었다. 항구로 떠날 준비가 끝났다. 사방을 천천히 둘러보았다. 카라반 파크를 둘러싸고 있는 철조망 너머로 몽실몽실한 구름이 넘실거리고 있었다. 젖은 머리칼에 차가운 공기가 부딪쳤다. 머리가 맑아지면서 눈앞이 환해지는 기분이었다.

이 순간을, 마지막 날을 여러 번 상상했었다. 울고 싶을 줄 알았는데 뜻밖에도 기운이 넘쳤다.

다시 올 거야. 언젠간 반드시.

주문처럼 중얼거리며 나는 힘차게 차에 올라탔다.

호주와 나 때때로 남편

Brushtail possum scats
Brushtails leave small piles of
cylindrical scats that look a bit like rat
droppings - there are usual
on top of th

변화를 갈망하거나
혹은 두려워하는 그대에게

2007년에 나는 스물일곱이었다. 문득, 떠나야겠다 싶었다.

겉보기에 내 생활은 평탄했다. 석사과정을 마치고 시작한 국회의원 정책비서 일은 적당히 만족스러웠고, 7년 된 남자친구와의 관계도, 가족과도 아무런 문제가 없었다.

그런데 무엇이 문제였을까? 나는 행복하지가 않았다. 지금 하는 일도 좋았지만 가장 하고 싶은 일은 아니었다. 이대로 가다간 남자친구와 결혼한 뒤, 계속 무언가를 축적하고 늘리는 일에 몰두하며 살게 될 것 같았다. 답답했다.

내가 정말 하고 싶은 건 여행이었다. 결혼이냐 세계 일주냐 두 가지 선택지를 두고 고민할 때, 남자친구가 제안을 해왔다. 둘 다 해보자고.

그래서 우린 2008년 5월, 결혼식만 올린 뒤 호주로 떠났다.

호주에서의 생활은 생각만큼 쉽지 않았다.

가장 큰 목적은 여행이었지만, 근본이 궁핍한 워홀러 신세다 보니 고달프고 서러웠다. 돈을 모아야 한다는 강박관념에 뜬눈으로 지새운 날이 수두룩했고, 영어도 스트레스였다. 하지만 반년 뒤, 수입이 안정되면서부터 철저히 노는 데만 집중했다. 우리만의 보금자리를 만들어 신혼

생활을 즐겼고, 주말마다 낯선 곳을 찾아갔다. 틈틈이 책을 읽고, 영어 공부를 하고, 새로운 친구들을 만났고, 드디어 호주 일주를 했다.

호주는, 한마디로 느리고 촌스러웠다. 시간이 제멋대로 흘러가는 곳 같았다. 세련된 대도시를 벗어나면 농장 한구석에선 여전히 풍차가 돌아갔고, 빗물을 받아 썼다. 인터넷은 느려 터지거나 아예 접속이 안 됐으며, 라디오에서는 철 지난 팝송이 흘러나왔다. 사람들은 카페에 앉아 한가롭게 책이나 신문을 뒤적이며 시간을 보냈다.

아웃백을 지나며, 난 사람들이 왜 험난한 산을 끝없이 오르고 사막에 가는지 알게 되었다. 광활한 공간에서 그들은 그 누구도 아닌 자기 자신과 은밀하게 만나왔던 것이다.

여행을 시작한 뒤, 우리는 스물네 시간 내내 붙어 있었다. 반경 3미터 이내에 있었다고 봐도 좋았다. 텅 빈 대지에 나란히 쭈그려 앉아, 별이 총총 뜬 밤하늘을 바라보며 일을 보았고, 서로의 속마음을 앞다투어 쏟아냈다. 동부해안이나 대도시를 제외하면 우린 대개 둘뿐이었다. 한 사람과 이토록 오랫동안 얼굴을 마주 보고 있던 적은, 온종일 엄마의 젖만 찾던 시절 이후로 처음이었다.

여행이 끝난 뒤 나는 더욱더 나를, 남편을 사랑하게 되었다. 그리고 오랫동안 염원해 왔던 글쓰기를 시작했다. 내 인생이 '호주 이전'과 '호주 이후'로 나뉘게 되었다.

고국에서의 날들은 여전히 숨 가쁘게 돌아갔다.

하지만 우린 한 가지만 생각하기로 했다. 살고 싶은 곳에서, 하고 싶은 일을 하며, 자유롭게, 세상에 보탬이 되며 살기로. 비록 당장 내년 이맘때 어디서 무엇을 하며 살고 있을지 모르는, 집시나 다름없는 삶이 불안하지만, 분명한 건 그때로 다시 거슬러 간다 해도 난 여전히 같은 선택을 했을 거라는 점이다. 어떤 조건도 따지지 않고 그를 선택했을 것이며, 그와 함께 호주로 갔을 것이다.

이 책을 본격적으로 집필하고 완성하기까지 꼬박 2년이 걸렸다.

첫 아이를 임신한 동안 초고를 썼고, 출산하고 백일 무렵부터 새벽내 내 고치고 또 고쳤다. 책을 쓰는 건, 여행하는 것만큼 심장이 뛰는 일이었다. 할 수만 있다면 내가 느꼈던 얼얼한 기쁨과 감동을 하나도 빠짐없이 글로 옮기고 싶었다. 잘하고 싶어 고통스러웠고, 그 마음이 앞서 가다 보니 예상했던 것보다 훨씬 오랜 시간이 걸렸다.

호주와 여행이 유일한 정답은 아니다.

하지만 이 책을 통해 떠날 수 있는 용기를, 나만의 방식대로 살겠다는 용기를 얻었으면 좋겠다. 자신을, 옆에 있는 사람을 열렬히 사랑하면 좋겠다. 그리하여 물질이 아니라 좀 더 행복할 궁리를 하게 된다면 더없는 영광이겠다. 생각해보니 내가 진짜 원한 것은 세계 일주가 아니었다. 간절히 바라는, 내 심장을 뛰게 하는 무언가를 가슴에 품고 사는 일이었다.

아, 이제 정말 안녕. 서른 살 생애, 가장 찬란하게 빛났던 시간이여!

책의 제목은 처음으로 내 이야기를, 소설을 쓰고 싶다는 생각을 하게 했던 릴리 프랭키의 <도쿄타워-엄마와 나, 때때로 아버지>에서 따왔다.

2013년 12월 백아산 자락에서
안 정 숙 드림

Special Thanks To.

호주에서 만난 Dear my best friend, Mark(T&R), Dennis,

Joe&Roger(AAY's Fresh Herbs), Evert&John(Esperance),

Taiji&Kim(Kalgoorlie), Teys&Kumiko(Cairns),

Binalong Bay people(Tasmania), 연경 부부, 종욱과 은희 언니.

그리고 애들레이드의 정민, 해민, 유민과 외삼촌, 외숙모.

당신들 덕분에 더욱 빛나는 시간이었습니다.

친구들, 선후배, 동료, 직접 만난 적도 없는 나에게 응원을 보내준 많은 분.

실속 없고 무모해 보이는 우리의 삶을 묵묵히 지켜봐 주고 믿어주는

네 분의 부모님과 형제, 가족들.

그리고 이 책의 절대적인 공헌자인 나의 남편 태준과 딸 준영.

모두 모두 고맙고 사랑합니다.

변화를 갈망하거나 혹은 두려워하는 그대에게

호주와 나 때때로 남편

ⓒ안정숙

초판 1쇄 인쇄 2013년 12월 20일
초판 1쇄 발행 2013년 12월 25일

글 · 사 진 안정숙

펴 낸 이 정태준
펴 낸 곳 책구름
출판등록 2013-00005
주   소 전라남도 화순군 북면 학천길 7
전자우편 bookcloudpub@naver.com
블 로 그 http://blog.naver.com/bookcloudpub
팩   스 0303-3440-0429

I S B N 979-11-951467-0-3 03980